U0269743

山区水库调蓄对玛纳斯河流域
地下水补排规律的影响机理研究

刘兵　杨广　何新林　王淑虹　著

中国水利水电出版社
www.waterpub.com.cn
·北京·

内 容 提 要

本书是在围绕新疆玛纳斯河流域水库群多年的运行管理及地下水连续监测资料的基础上，再结合实地调查、室内分析、论证、研究撰写而成。本书以新疆天山北坡地带经济发展的核心区域，即玛纳斯河上游山区的肯斯瓦特水库影响下的新疆玛纳斯河流域为研究靶区，以地下水循环条件变化为切入点，对流域历史地下水动态变化规律及其变化驱动力进行分析；再结合地下水均衡法、水同位素测试、地下水动态模拟及预测三种研究手段综合分析山区水库截流蓄水后流域地下水位的变化。在此基础上，分析地下水的补排机制，刻画山区水库影响下的地下水的补给、排泄特征，通过含水层概化、网格划分、参数率定等进一步在数值模拟预测不同水库运行方案下，分析研究流域地下水埋深的未来变化趋势，为山区水库大规模建设的背景下，新疆的地下水资源开发利用及绿洲荒漠生态系统保护提供科学依据。

本书可为水资源管理部门、高等院校专业师生及科研单位的工作人员提供参考和技术借鉴。

图书在版编目（CIP）数据

山区水库调蓄对玛纳斯河流域地下水补排规律的影响机理研究 / 刘兵等著. -- 北京 ： 中国水利水电出版社，2023. 12

ISBN 978-7-5226-1978-1

Ⅰ. ①山… Ⅱ. ①刘… Ⅲ. ①水库调度－影响－玛纳斯河－流域－地下水补给－研究 Ⅳ. ①TV697.1 ②P641.25

中国国家版本馆CIP数据核字(2023)第239145号

书　　名	山区水库调蓄对玛纳斯河流域地下水补排规律的影响机理研究 SHANQU SHUIKU TIAOXU DUI MANASI HE LIUYU DIXIASHUI BUPAI GUILÜ DE YINGXIANG JILI YANJIU
作　　者	刘　兵　杨　广　何新林　王淑虹　著
出版发行	中国水利水电出版社 （北京市海淀区玉渊潭南路 1 号 D 座　100038） 网址：www. waterpub. com. cn E - mail：sales@mwr. gov. cn 电话：(010) 68545888（营销中心）
经　　售	北京科水图书销售有限公司 电话：(010) 68545874、63202643 全国各地新华书店和相关出版物销售网点
排　　版	中国水利水电出版社微机排版中心
印　　刷	天津嘉恒印务有限公司
规　　格	170mm×240mm　16 开本　7.25 印张　138 千字
版　　次	2023 年 12 月第 1 版　2023 年 12 月第 1 次印刷
定　　价	**48.00 元**

新疆内陆河流域地下水位动态变化直接影响其绿洲荒漠生态系统的稳定性。因此在人类活动影响下的流域地下水位动态变化是需要长期关注的焦点。新疆地处亚欧大陆腹地，降水稀少，蒸发强烈。为减少因以平原水库为主的水资源存储体系所导致的水量蒸发、渗漏损失等情况，提高水资源利用效率，自20世纪90年代后期开始，新疆积极进行山区水库建设。山区水库的大规模建设不仅有助于拦蓄源区冰雪融水，也有利于当地掌握水资源配置的主动权。然而由于新疆特殊的山盆结构地形及复杂的水文地质条件，在地下水补排过程中存在一定的复杂性，导致山区水库修建的干扰源增加。因此，山区水库调蓄过程对地下水的影响是亟须关注与解决的科学问题。

本书选择新疆天山北坡地带经济发展的核心区域——玛纳斯河上游山区的肯斯瓦特水库影响下的新疆玛纳斯河流域为研究靶区，以地下水循环条件变化为切入点，对流域历史地下水动态变化规律及其变化驱动力分析；结合地下水均衡法、水同位素测试、地下水动态模拟及预测三种研究手段综合分析山区水库截流蓄水后流域地下水位的变化。在此基础上，分析地下水的补排机制，刻画山区水库影响下的地下水系统的补给、排泄特征，通过含水层概化、网格划分、参数率定等步骤，建立地下水数值模拟模型，并进一步进行数值模拟模型预测，分析研究流域地下水埋深的未来变化趋势，为山区水库大规模建设的背景下，新疆的地下水资源开发利用及绿洲荒漠生态系统保护提供科学依据。

本书的创新之处包括两个方面：一是针对人类活动对内陆河水循环影响的关键环节——以大规模山区水库修建对流域地下水的影响机理为重点，利用历史地下水资料分析建库前后流域地下水的补排规律；根据流域地下水长期观测资料，从规律及机理两个层面出发，以地下水埋深位变化（现象）—地下水补排途径（过程）—地下水补排量（定量分析）—地下水位预测（趋势预测）多层次递进研究并揭示山区水库截流蓄水影响下地下水的补排关系。二是为从现象与机理两个层面揭示山区水库对流域地下水的影响规律，研究以水均衡法、水同位素示踪法、地下水动态模拟及预测三种方法相结合，以此对地下水源、汇流项的精确定量方面相互验证，属于将多种方法进行集成融合创新；再基于地下水长观资料结合驱动力分析、地下水均衡分析、稳定同位素、放射同位素及数值模拟，以揭示山区水库调蓄对流域地下水补排规律的影响机制。

本书共 6 个章节，第 1 章首先从研究背景、研究意义、国内外研究进展等方面进行总结和分析，在明确研究的必要性和针对性后，从地下水补排过程、水稳定同位素、地下水数值模拟和研究区流域地下水动态变化相关过程研究现状等方面，分析相关领域的研究进展情况，总结经验，发现不足，确定本书的研究内容及思路。第 2 章主要介绍研究区域及山区水库运行概况。通过介绍自然地理概况与水资源开发利用概况，分析了地下水类型及含水层富水性与地下水的补给、径流与排泄条件、地下水赋存条件，阐述了山区水库工程的概况、运行规则及各水利工程之间的水力联系，为后续研究提供基础条件支撑。第 3 章主要从流域地下水的现象进行描述，分析地下水埋深现状，年际、年内变化规律，利用统计方法进行其驱动力分析，从统计角度揭示地下水变化的驱动因素，然后进行流域水均衡分析，再从水量角度分析流域地下水补给、排泄量的变化。本章旨在从地下水位角度分析变化规律，揭示其驱动因素，并从水量角度分析其补给、排泄变化，其重点在描述地下水动态变化过程。第 4 章主要介绍环境同位素理论基础，通过建立大气降水线分析流域不同区域的降水同位素组成特征，并分析流域各水体中同位素组成特征及其内在关联性，结合水文地质构造，分析地下水流场，定量分析地下水的来源及组成。本章重点在于揭示地下水补排途径。第 5 章主要研究水文地质概念模型，并构建流域地下水数值模型，进行模型的参数识别及率定，分析山区水库运行前后，地表水时空分布的格局变化，结合水库群运行条件，定量分析不同水库运行工况下水库水与地下水的交换过程，并在不同时间尺度及空间尺度分析流域地下水位对水库运行过程的响应规律，并定量分析水库水—地下水的交换过程。本章旨在定量刻画流域地下水对水库调蓄的响应过程。第6章主要对研究工作进行总结、凝练，介绍同行业者的研究成果与相关研究进展，分析本书研究过程的主要创新点，并结合相关领域的最新研究动态，分析研究的不足之处，提出需要进一步改进和完善的方面，以供同行研究者参考。

全书由刘兵、杨广、何新林、王淑虹等组织、撰写。刘兵负责全书统稿工作，刘兵、杨广负责定稿。其他参与本书文字和图表校核工作的人员还有研究团队的研究生：吉磊、李晓芳、张叶、黄何骄龙、孙莹琳。

本书是在第三次新疆综合科学考察项目"地表水资源开发状况调查"、国家自然科学基金项目"山区水库调蓄对玛纳斯河流域地下水补排规律影响机理研究"、兵团科技攻关计划项目"三条红线条件下兵团第八师石河子市水资源优化配置及承载力研究"、兵团科技攻关计划项目"兵团水利数字孪生流域与水利智能业务建设关键技术研究与应用"、石河子大学高层次人才科研启动项目"三条红线下灌区用水结构优化及水资源配置研究"的共同资助下完成的，对这些项目的资助表示感谢！本书在研究过程中还得到了红山嘴电厂工程师金彦鹏、新疆生产建设兵团第八师水文水资源中心高级工程师梁璐、石河子市管理服务中心高级工程师沈志伟等的大力支持。本书在编写过程中，参考引用了发表在公开出版物上的工程界同仁的技术成果，在此一并表示感谢。

本书是在总结玛纳斯河流域水库群调度、地下水动态近20年来的研究成果的基础上编著而成的。研究内容综合性较强，内容覆盖面广，仍有许多科学和实践问题需要进一步探究。鉴于作者的水平有限，书中不足之处在所难免，敬请读者不吝赐教。

作者

2023 年 9 月

目录

第1章 绪 论

1.1 研究背景及意义

地下水是干旱内陆河区国民经济与生态环境的制约性因素，其补排过程是水文循环的一个重要组成部分。在干旱内陆河区，因水资源总量极为有限，地下水资源对维护绿洲生态系统的稳定性起着至关重要的作用。近年来，随着绿洲农业的发展，水资源在开发利用过程中加强了人为因素对水资源转化过程的干预，形成了明显的自然—人工复合水资源转化模式，从而使地表水与地下水之间的转化更加频繁，关系也更加复杂。这加剧了外部环境对地下水系统的影响，使地下水系统的功能严重衰退，产生了地下水位大幅度下降、植被退化、土地沙化及土壤盐渍化等多种问题，严重影响着流域地下水资源的持续利用和生态环境安全。

新疆地处亚欧大陆腹地，降水稀少，蒸发强烈。其水资源存储体系以平原水库为主，为了减少水量蒸发、渗漏等问题发生，提高水资源利用效率，自 20 世纪 90 年代后期开始，新疆积极进行山区水库建设。据不完全统计，截至 2016 年 12 月新疆已建成山区水库 36 座，在今后 10 年中，新疆还将在天山、昆仑山和阿尔泰山三大山脉中新建 59 座山区水库。山区水库的大规模建设不仅有助于拦蓄源区冰雪融水，还有利于当地掌握水资源配置的主动权。然而，由于新疆特殊的山盆结构及复杂的水文地质条件，地下水补排过程本身存在一定的复杂性，山区水库的修建又导致其干扰源增加。因此山区水库截流蓄水后，流域地下水补过程会发生怎样的变化，其动态过程又会产生怎样的变化，都是需要关注的科学问题。

玛纳斯河流域位于新疆天山北麓，准噶尔盆地南缘，发源于天山中段的依连哈比尔尕山。流域地形总体呈南高北低，坡陡、流急，属于典型的山溪性河流。源头为海拔 5000m 以上的冰川。沿途汇集哈熊沟与清水河等支流，由南向北流入准噶尔盆地。源头至尾闾-克拉玛依市小拐乡，全长 324km，海拔约 200m。玛纳斯河流域水资源开发利用的特殊性在于平衡维持脆弱的绿洲生态系统和社会经济系统的可持续发展。玛纳斯河流域平均年降水量不足 200mm，蒸发能力却为降水量的 8～10 倍，80% 以上的地表径流集中在 6—9

月，年径流量分配过于集中导致新疆地区的地下水资源较其他地区重要性更突出，是制约流域生态环境建设的关键因素。

肯斯瓦特水利枢纽工程（即本书的研究对象——山区水库）位于玛纳斯河上游出山口河段，有效库容为 1.88 亿 m^3，于 2013 年 7 月竣工蓄水。河谷两岸基岩裸露，植被稀疏。坝址以上流域面积 $4637km^2$，坝址处多年平均气温 5.2℃。玛纳斯河流域属于典型的内陆河山盆结构，山区是径流形成区，出山口以下的中下游平原区为径流运转耗散区。因肯斯瓦特水库库区较为独特的地质构造，使得山区水库调蓄对径流形成区地下水的直接作用较小。由于山区水库调蓄改变了河道、渠道的输水过程及中下游平原水库的蓄水过程，这一改变将直接影响其对地下水的渗漏补给作用。而地下水是绿洲平原社会经济得以发展的重要水资源补充项，也是下游荒漠过渡带维护生态平衡的主要水量来源，因此山区水库调蓄对流域中下游平原区地下水的影响需要重点关注，故本书的研究区为玛纳斯河红山嘴断面以下的平原绿洲区。在河流出山口区进行大型山区水库建设的背景下，探究其对地下水补排过程的影响，并进一步分析地下水的动态变化趋势对支撑玛纳斯河流域的经济社会发展及荒漠生态保护具有重要意义。

1.2   国内外研究进展

1.2.1   地下水补排转化规律研究进展

地下水补排规律的研究经历了从最初简单的现象描述到定量分析，再到现阶段的机理揭示研究。研究手段也从概念模型发展到目前较为通用的数值模型。研究目标逐步由单纯的开发利用研究到开发利用与保护研究并重。1993 年 7 月，人与生物圈计划（MAB）在法国里昂召开了"地下水与地表水交错带国际学术研讨会"，相关研究内容在我国当时尚属新领域。1974—2001 年，联合国教科文组织（UNESCO）实施了六个阶段的国际水文计划（IHP）。现阶段的研究目标是"水的相互作用——来自风险和社会挑战的体系"，其中主要研究方向之一即为地下水与地表水的相互作用。此外，国内外研究组织者都将地表水与地下水的相互作用作为目前的研究热点和前沿课题。因此，正确分析地表水与地下水之间的相互关系，计算两者之间的转化量，对于水资源评价和合理开发利用、水污染的预警与防治均具有重要的理论和实践意义。

在水文地质研究方面，美国地质调查局（USGS）的水文地质专家 Winter 首先利用垂向二维稳定流数学模型模拟了不同要素对湖泊与地下水系统相互作用的影响。在 MODFLOW 这种建模软件普遍用于地下水数值模拟之后，国内利用研究数学模型对地表—地下水的作用关系进行了大量研究，认为传输过程分析与数学模拟仿真相结合是揭示地下水补排机理的关键。

地下水循环是干旱区水文循环的重要环节，因此对其补排过程的探索是实现水资源全面规范化管理的重要内容。地下水的补排过程通常受河流、湿地、湖泊等地表水体的影响，相关研究者对黑河、黄河及巴丹吉林沙漠湖泊等地表水体与地下水的相互作用进行了大量的研究。这些研究对揭示地下水补排机理起到了积极的作用。作为人工湖泊，水库对地下水也产生着重要影响。一方面是由于在水库调蓄过程中，水库与地下水的水位差会导致水量交换过程发生变化。另一方面，是由于水库泄流会导致下游河道径流发生改变，从而对地下水的补排过程造成影响。因此水库对地下水的影响主要是由水库的渗漏产生的。针对水库的渗漏范围、对周边地下水质的影响等问题，国内学者采用试验与模拟结合的方法在白洋淀地区、北塘水库等进行了系统的研究，探究了湖泊、水库渗漏对地下水的补给规律，还针对数学模型求解湖泊、水库与地下水之间相互作用进行了深入研究。

近年来，地下水循环的研究方法逐渐得到发展。主要有地质调查法、解析法、水化学法及数值模拟法等。其中地质调查法和解析法较为传统。随着地下水循环过程的复杂及对其过程的精量刻画，水化学法及数值模拟方法逐渐成为重要的研究方法。

水同位素法作为水化学法的一个重要分支被广泛应用于分析地下水来源、组成比例，以及用于研究地下水循环过程。Bo Wen、詹泸成等、张兵等专家学者利用化学和同位素的方法在塔里木河流域、鄂尔多斯及怀沙河流域等多地利用水同位素法研究了地下水的补给来源和年龄，探究了地下水中的水分来源与运动转化规律，并定量分析了不同水体之间补给的比例。

此外，数值模拟方法也是研究地下水补排过程的重要方法，近年来得到了广泛的应用。相关研究者提出了一组能同时满足于地下水和地表水运动的浅水方程，并建立了适用于海岸、河口区域的地表水与地下水整体数值模型，改进了大尺度流域水文模型，成功应用在对河流与地下水的时空转化过程分析中，揭示了地下水补给、排泄规律。

综合分析以上相关研究，可以发现地下水循环过程是水循环的重要组成部分，其研究手段处于不断发展与更新中。水库作为人工调控的主要地表水体，其与地下水之间的水量转化过程相对复杂，以水化学方法与数值模拟法对其转化过程进行探索得到了国内外学者的普遍认可。

1. 2. 2　稳定同位素在地下水补排研究中的应用进展

水同位素学是 20 世纪 50 年代发展起来的一门新兴学科。水同位素学在水文水资源学研究中的应用，使其研究手段产生了质的飞跃。利用水同位素技术能获取关于水循环过程的更多信息，从而使揭示"大气降水—地表水—土壤水—地下水"之间的相互作用关系成为可能。目前，在地下水研究中常用的同位素有 ^2H、^3H、^{13}C、^{14}C、^{18}O、^{34}S、$^{87}Sr/^{88}Sr$ 等。目前，水同位素技术主要用于研究地下水的形成机制、地下水储水能力和更新能力、地下水的渗漏、地下水污染源的判断等。

氢氧同位素技术应用于水文地质等研究领域起始于 20 世纪 50 年代。常用的稳定同位素主要是：氘（D）与氧-18（^{18}O）。其作为自然界水分子的组成成分，具有一定的普遍性与稳定性。相比于其他天然水示踪剂，D 和 ^{18}O 的示踪效果更为理想，在分析地下水补排过程方面效果良好。随着氢氧同位素技术的逐步发展成熟，该技术在水文学与地质学方面进行了广泛的应用。相关研究者根据"不同来源的水有着不同的氢氧同位素组成"这一基本原理，利用该技术可以追踪了同位素的运动过程并测定其反应速度，通过应用氢氧同位素技术还可以判别不同水体的补给来源与年龄。利用同位素含量的差异研究水的来源已经相当普遍，国内外广泛利用氢氧同位素技术对地下水的补给来源开展了相关研究。研究表明氢氧同位素方法对揭示地下水的补排途径具有较好的效果。

通常情况下，降水为地下水的主要补给水源。一般，可以根据稳定同位素的地理效应对地下水的补给源进行识别。Negrel P. 等专家在美国亚利桑那州东北地区利用同位素与溶质运移模型研究地下水补给源。MCGUIRE K J. 等利用 ^{18}O 分析了阿帕拉契山脉中段的地下水循环过程，结果显示当地地下水的主要补给源为河水与降水。区域浅层地下水平均滞留 1~2 个月，表明降水对浅层地下水补给较为迅速。

放射性同位素氚（T）在地下水循环的研究中应用也较为广泛。20 世纪 60 年代，由于核武器试验较为频繁，导致大气中 T 值含量较高。这一现象使相关研究者意识到可以通过测定地下水中的 T 值从而推断地下水年龄。但由于水—岩的相互作用，T 值一般较小，通常可以忽略。所以当地下水 T 值含量较高时，就表明其受到过近代水补给。MICHEL F A. 等专家分析了加拿大 Gloucester 的浅层地下水对承压地下水的补给速率，确定了地下水的滞留时间。但其测定方法的前提条件是必须已知补给来源的 T 值，且地下水循环过程未受到其他水体的混合补给。由于降水的 T 值含量具有显著的季度变化与年际变化规律，因此 T 值含量的确定具有一定难度。为了克服 T 值输入这一难题，程立平等利用指数—活塞模型，结合 T 值数据对地下水平均滞留时间以及地下水运动状态进行了研究。

相比之下，放射性同位素示踪技术在地下水研究领域的应用在我国起步较晚。直到 20 世纪 80 年代才逐渐得到应用。随着该技术的不断成熟，90 年代以后，刘丹、张茂省、马金珠、HUANG T. 等研究者利用放射性同位素在塔里木河流域、渭北东部岩溶地区及巴丹吉林沙漠等地区进行了关于地下水循环的大量研究，还基于同位素质量守恒原理计算降雨对地下水的补给量，为干旱区地下水资源提供了一种有效的评价方式。李学礼等研究者对新疆准噶尔盆地北部天然水中氢氧稳定同位素组成进行分析，基于水文地球化学原理对该地区水源类型进行评价，建立了大气降水线方程及降水同位素高程效应，并对地下水形成年龄进行计算，这对于研究区第三系砂岩含水层的补给来源及海拔、地下水年龄有重要意义。张应华等研究者运用稳定同位素 δ^{18}O 证实了农田灌溉是黑河中游盆地地表—地下水转化过程的关键因素。该研究表明灌溉过程可以增加地下水的补给量，并对地表—地下水的转化过程进行了量化。上述研究证明了同位素技术可以较好地反映干旱地区地下水补排过程。

1.2.3　地下水数值模拟研究进展

数值方法是利用数学模型对研究区有限个离散点上的数值进行求解，从而提高地下水空间数据。由于数值方法具有较高的仿真度，可以较好地刻画复杂条件下的地下水流过程，因此在理论和实际应用方面都得到了较快的发展。

随着计算机科技的发展，20 世纪 60 年代以来，数值方法被应用到地下水运动的各个研究领域，并得到了广泛应用。比较重要的三维地下水流模拟模型为美国地质调查局（USGS）开发的 MODFLOW，该模型为地下水研究提供了较为便利的研究手段。加拿大的 Waterloo 公司结合 MODPATH 与 MT3D 等模型，以 MODFLOW 为基础开发了 Visual MODFLOW，作为一款三维可视化综合地下水流模拟模型，其功能更为强大。该模型在地表—地下水相互作用关系、地下水补排规律、各含水层之间的水量交换研究等方面进行了大量应用。美国杨百瀚大学（Brigham Young）大学将 MODFLOW、MODPATH 及 FEMWATER 等地下水模拟模型进行整合，开发了 GMS 软件。该软件的核心模型兼容有限差分法与有限单元法，计算结果可视化，使得其在地下水循环、溶质运移及热运移的研究等方面都显示出强大的功能。

地下水数值模拟研究在我国起步较晚，始于 20 世纪 70 年代。但在老一辈水文地质与数学研究同行的努力下，进步较为迅速。地下水数值模拟方法已逐步应用到包括水资源评价、地下水循环及水文地质灾害等现实急需解决的各类问题中。2000 年以后，我国关于地下水数值模拟软件的应用越来越广泛。在国内较常用的地下水模拟软件为 MODFLOW。地下水数值模拟在不断完善数值模型的基础上，其可靠性、精确性、通用性得到进一步发展。

虽然地下水数值模拟在地下水运动的研究中得到了学者们的认同，但数值模型仅仅是一个刻画地下水系统的工具,模拟结果的合理程度和可靠度除了与模型方法本身相关之外,还与水文地质概念模型的概化密切相关,比如含水层的划分、补给与排泄条件的选择、边界设置等。只有将两者合理的结合,才能最大地体现出数值模拟的功能,保证模拟的真实与可靠。其中边界条件可以分为三类,第一类是已知边界处水位的边界,第二类是已知边界处流量的边界,第三类是已知边界处的水位与流量之间变化规律的边界。边界条件的选择问题是制约模型计算准确性的关键性因素之一。

尽管国内外围绕地下水补排过程进行了大量研究,但从已有研究进展来看,仍存在以下不足:①利用描述、统计、试验等手段对地下水在自然状态动态变化的研究较多,而分析变化环境特别是大型水利工程对地下水的影响的研究相对较少;②针对变化环境下外流河流域地下水动态的研究相对较多,而专门针对封闭的内陆河流域地下水循环的研究略显不足;③用单一研究方法(诸如试验法、数值模拟法、同位素示踪法等)研究地下水位变化现象或者从地下水径流过程的较多,而将上述三种方法结合起来研究水库对地下水位影响的较少,难以从机理层面精确分析水库对地下水的补排关系造成的影响。由于肯斯瓦特水库调蓄过程对流域中下游地下水的补排关系会产生怎样的影响,事关玛纳斯河流域生态经济系统的稳定性。因此,本书研究工作对发展人类活动影响下的地下水水循环理论有探索价值,对维护以地下水为主要水源的玛纳斯河流域生态系统也具有重要的现实意义。

第2章 研究区域概况

2.1 基本情况

2.1.1 自然地理概况

1. 地理位置

玛纳斯河流域位于天山北麓中段，准噶尔盆地南缘，东起塔西河，西至巴音沟河，南部抵天山，北邻古尔班通古特沙漠，地理坐标为 $85°00'E\sim$ $86°30'E$、$43°27'N\sim45°20'N$，流域内的行政区主要包括石河子市、沙湾县、玛纳斯县和克拉玛依市的小拐乡。

本书的研究范围为玛纳斯河流域红山嘴出山口以下的绿洲平原区，南边界为玛纳斯河流域平原区与山区过渡带，玛纳斯河以红山嘴断面以下；北边界以绿洲荒漠边缘、玛纳斯河河道至136团为界；东边界玛纳斯河河道—莫索湾总干渠为界；西边界以克拉玛依市鱼奎屯市行政区界限为界。总体主要包括石河子灌区、莫索湾灌区、下野地灌区、金沟河灌区及安集海灌区，耕地面积约316.43万亩❶，总面积为 $7698km^2$。玛纳斯河流域水系见图2.1。

2. 气候条件

玛纳斯河流域深居亚欧大陆腹地，属于典型的干旱大陆气候。流域内蒸发强烈、降水稀少。根据流域内气象站的统计资料：多年平均气温约6.6℃，夏季最高气温纪录为43.1℃，冬季最低气温为−42.8℃，无霜期为160~170天左右。流域内光热资源较为丰富，年日照在2750~2810h之间。玛纳斯河流域主要气象站气象特征值见表2.1。

表2.1　玛纳斯河流域主要气象站气象特征值（1966—2020年）

气象站	测站高程/m	平均气温/℃	降水量/mm	蒸发量/mm
肯斯瓦特站	900.00	5.2	344.1	1440
红山嘴站	610.00	6.2	226.9	2118
石河子站	442.60	6.6	198.8	1514
炮台镇站	336.60	5.9	139.8	1859
小拐站	299.00	6.9	129.8	2248

---

❶　1亩＝（10000/15）$m^2\approx666.67m^2$。

7

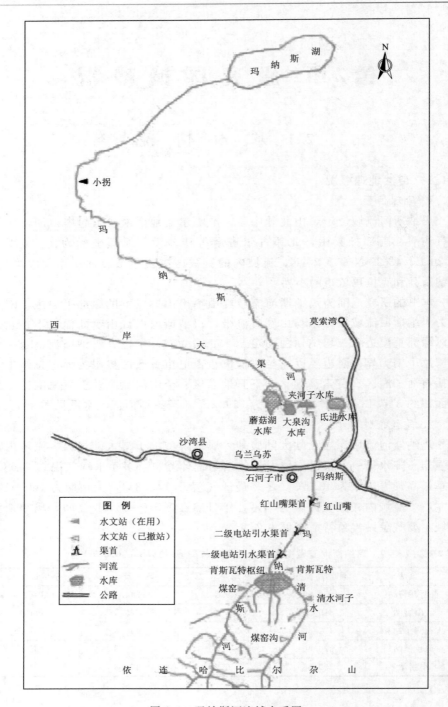

图 2.1　玛纳斯河流域水系图

3. 地形地貌特征

流域地形呈南高北低，东南高、西北低，与玛纳斯河流向基本一致。海拔从径流源区的 5251m 逐步下降至尾闾的 187m。从南到北依次为高中山区、中低山区、低山丘陵区、山前倾斜平原区、冲积洪积平原区及风积沙漠地形区。

高中山区的海拔在 2500m 以上，流域内的主要河流均发源于这一区域。海拔在 1000~2500m 之间的区域为中低山区，为河流的河网汇流主要区域。海拔在 500~1000m 之间的区域为低山丘陵区，此区域为径流运转区。山前倾斜平原区的坡降由南向北地形在 10‰~33‰ 之间，主要为冲—洪积扇地形，海拔在 400~500m 之间。冲—洪积平原的坡降约为 5‰~10‰，主要为绿洲平原区，流域内灌区主要分布在此。风积沙漠区位于流域的最北端，坡降不足 1‰，多为荒漠地貌。

4. 径流

玛纳斯河发源于天山北麓依连哈比尔尕山 43 号冰川，流向由南向北，径流源区集水面积约 5156km^2，河道全长 504.3km（河源至玛纳斯湖）。多年平均年径流量为 12.65 亿 m^3，年内分配极不均匀，6—9 月的径流量占全年径流量的 80% 以上，其中 7 月、8 月两个月的径流量就占全年径流量的 60% 左右。玛纳斯河流域肯斯瓦特站 1954—2020 年平均月径流量见表 2.2。

表 2.2　　　　　　　肯斯瓦特站 1954—2020 年平均月径流量

月份	1	2	3	4	5	6	7	8	9	10	11	12	合计
月径流量/亿 m^3	0.21	0.17	0.19	0.25	0.60	1.98	3.67	3.30	1.20	0.52	0.32	0.25	12.65
占比/%	1.67	1.33	1.47	1.97	4.72	15.63	29.02	26.09	9.48	4.15	2.50	1.99	100

2.1.2　水资源开发利用概况

玛纳斯河流域是由新疆生产建设兵团开发治理较早的灌溉农业区。开发工作从 1950 年起，特别是在 1954 年玛纳斯河流域规划的基础上，经过 60 多年的开发建设，已成为引、输、蓄、配和发电等综合利用的水利工程。流域内主要引水工程节点见图 2.2。目前玛纳斯河上已建成拦河引水枢纽 3 座，大中型平原水库 9 座，小型水库 4 座，径流式梯级电站 5 座，兴建的主要引水干渠有数十条。玛纳斯河灌区总灌溉面积为 316.30 万亩。

1. 引水工程

已建成红山嘴引水枢纽和一级电站引水枢纽、二级电站引水枢纽。红山嘴引水枢纽建于 1959 年，是以灌溉为主、结合发电的人工弯道式永久性引水建筑物，设计引水能力为 105m^3/s，年引水量为 9 亿 m^3，引水率为 68%。该

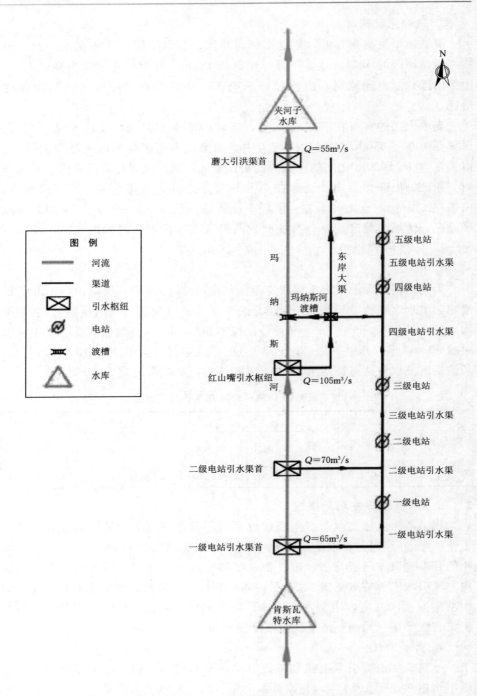

图 2.2　玛纳斯河流域主要引水工程节点概化图

工程可以控制全灌区的灌溉面积，是玛纳斯河流域灌溉工程的命脉。进水闸后为总干渠，长 1km，尾部为曲线沉砂池和第一分水闸，此处可将水分送东岸大渠，四、五级电站引水渠及玛纳斯河渡槽，是灌区按照管理章程分水的计量断面。运行中根据调度需要，东岸大渠的水可以直接进入玛纳斯县灌区，可以送往跃进水库和新户坪水库，可以从玛纳斯河渡槽、五级电站尾水渠处的过河涵洞调往西岸进入石河子灌区和蘑菇湖水库，还可以从东岸大渠，四、五级电站引水渠及玛纳斯河渡槽三处退入河道，进入夹河子水库和大泉沟水库。

一级电站引水枢纽，设计引水能力为 $62m^3/s$，发电水投入二级电站引水渠。

二级电站引水枢纽建于 1979 年，是以发电为主的人工弯道式引水枢纽。设计引水能力为 $70m^3/s$，年引水量为 7 亿 m^3，引水率为 60%，发电后在五级电站尾水处投入东岸大渠。

2. 蓄水工程

玛纳斯河灌区内有大中型水库 14 座，水库地处泉水溢出带下缘，拦蓄河水、泉水、井水及发电尾水。其中新户坪水库和跃进水库位于东岸；蘑菇湖水库、大泉沟水库位于西岸；肯斯瓦特水库与夹河子水库为拦河水库，可以为东西两岸调配水量。玛纳斯河灌区主要水库工程特性详见表 2.3。

表 2.3　　　　　　　玛纳斯河灌区主要水库工程特性

水库	$Q_{库容}$/万 m^3	所在水系	蓄水方式
肯斯瓦特水库	18800	玛纳斯河	拦河
蘑菇湖水库	18000	玛纳斯河	注入
夹河子水库	10011	玛纳斯河	拦河
跃进水库	10000	玛纳斯河	注入
大泉沟水库	4000	玛纳斯河	注入
新户坪水库	3000	玛纳斯河	注入
柳树沟水库	1325	玛纳斯河	注入
白土坑水库	1250	玛纳斯河	注入
莫索湾水库	600	玛纳斯河	注入
安集海水库	3480	巴音沟河	拦河
安集海二库	3200	巴音沟河	注入
洪沟水库	1335	金沟河	注入
献礼水库	298	金沟河	注入
卡子湾水库	650	宁家河	拦河
合　计	75949		

多年来，玛纳斯河灌区已建骨干输水渠 572.8km，其中采用干砌卵石或混凝土防渗渠道长 143.94km，占骨干输水渠长度的 25.13%，已建各类配套建筑物 343 座。玛纳斯河灌区内现已建成干、支、斗、农四级固定渠道，灌溉渠道总长 10329.35km，已防渗 5416.56km。玛纳斯河灌区内现有排水渠总长 2657.93km，其中干排水渠长 474.11km，支排水渠长 573.61km，斗农排水渠长 1610.21km。配套建筑物 1051 座。排水出路多为玛纳斯河故道或沙漠区。研究区内灌溉渠道防渗及渠系水利用系数见表 2.4、表 2.5。截至 2016 年，区内共有机井 4592 眼，开采量每年约 3.56 亿 m^3。

表 2.4 　　　　　　　　　　研究区灌溉渠道防渗情况　　　　　　　　单位：km

灌　区	干　渠		支　渠		斗　渠	
	总　长	已防渗	总　长	已防渗	总　长	已防渗
玛纳斯河灌区	780.24	490.15	833.31	685.44	2862.30	1444.74
金沟河灌区	153.28	115.88	44.35	35.00	346.32	162.50
安集海灌区	193.40	171.00	218.00	191.60	408.00	303.57

注　数据来源《兵团第八师水中长期供求计划》；玛纳斯河灌区包括石河子灌区、莫索湾灌区、下野地灌区。

表 2.5 　　　　　　　　　　　研究区渠系水利用系数表

灌　区	渠系水利用系数				
	总干渠	干渠	支渠	斗渠	农渠
石河子灌区	0.90	0.86	0.90	0.87	0.94
莫索湾灌区	0.90	0.86	0.90	0.87	0.94
下野地灌区	0.90	0.86	0.90	0.87	0.94
金沟河灌区	0.90	0.89	0.90	0.87	0.94
安集海灌区	0.91	0.92	0.92	0.90	0.94

水资源是玛纳斯河流域内国民经济建设和生态环境保护的关键性制约因素。相关研究显示随着科技技术发展和产业结构升级，流域内水资源开发利用的程度得到提升和好转。但由于水资源总量极为有限，水资源开发利用率又过高，因此生态环境问题已日益凸显，其中流域中下游地下水位持续下降就是较为突出的问题。

2.2　水文地质概况

2.2.1　地下水类型及含水层富水性

玛纳斯河流域位于天山山前的凹陷地带。受喜马拉雅山与燕山运动的共同作用，流域内新生代地层整体发生了断裂和褶皱，从而形成与天山轴向平行的断裂构造与褶皱带。根据新疆地矿局的相关报告及文献显示，流域内主要有 4 个对流域水文地质构造影响较大的隐伏构造，自北向南分别为北玛纳斯隐伏断裂、蘑菇湖隐伏断裂、石河子—玛纳斯隐伏断裂及安集海背斜。上述 4 个构造在走向上均呈近东西向或北东西向，这一地质构造特征对流域地下水循环过程影响较大。

特殊的地质构造条件下，玛纳斯河流域形成了相对独立、较为完整的山盆结构体系，整个流域，从南部山区过渡到中游绿洲平原区，最终至北部荒漠区，其水文地质构造属于典型的山盆复合地质结构。南部中高山区主要分布基岩裂隙水，富水区强，降水充沛，是流域径流的形成区。中低山区的丘陵区一排构造与二排构造之间为南山洼地，渗透性良好，河道渗漏量大，单位涌水量为 $1500\mathrm{m}^3/(\mathrm{d} \cdot \mathrm{m})$。二排构造与三排构造之间透水性较差，卵砾石层厚度大于 200m。南山洼地的背斜构造基本阻隔了山区与平原区地下水的水力联系，山区地下水只能以泉水溢出的形式补给下游地下水。玛纳斯河山区地下水红山嘴以南的石灰窑以泉水溢出的方式向河道进行排泄，泉水溢出带的长度范围约在 2～4km 之间。

红山嘴以北的冲洪积扇区的富水性较强，地下水埋深在 20～170m 之间。含水层主要为卵砾石，单位涌水量普遍大于 $1000\mathrm{m}^3/(\mathrm{d} \cdot \mathrm{m})$，部分地区可达 $3000\mathrm{m}^3/(\mathrm{d} \cdot \mathrm{m})$ 以上，渗透系数约为 70～130m/d，为地下水排泄区。洪积扇北部扇缘为泉水溢出带和沼泽带。地下水埋深大约在 2～5m，局部地区小于 1m。潜水含水层主要为卵砾石、砂砾石及粗中砂，200m 的含水层大多分为 3～4 层，厚度约为 80～120m，单位涌水量约 $1000\mathrm{m}^3/(\mathrm{d} \cdot \mathrm{m})$，渗透系数约 20～70m/d。

冲洪积扇的平原区南部区域的含水层潜水埋深较浅，约为 3～5m，承压含水层以细砂为主，局部为砂砾石，富水性较弱，200m 内含水层大都在 5～8 层之间，其厚度变化大，自流量约为 3～5L/s，单位涌水量在 100～ $1000\mathrm{m}^3/(\mathrm{d} \cdot \mathrm{m})$ 之间，矿化度小于 1g/L，水质较好。冲洪积平原北部区域潜水埋深分布变化较大，在 1～10m 之间。承压含水层主要为粉细砂，局部分布有粗砂砾石，厚度不大，在 200～400m 内的含水层，主要分为 5 层。自流量为 0.5～5L/s，单位涌水量在 $100\mathrm{m}^3/(\mathrm{d} \cdot \mathrm{m})$ 以下，矿化度小于 1g/L，水质整体较好。北部荒漠区的含水层主要为粉细砂，富水性弱，自流量小于 1L/s，200m 深度以内潜水的单位涌水量小于 $100\mathrm{m}^3/(\mathrm{d} \cdot \mathrm{m})$。

研究区域内有三个代表性较好的水文地质剖面，其位置见图 2.3。Ⅰ—Ⅰ断面为安集海—下野地断面，Ⅱ—Ⅱ断面为 147 团—下野地断面，Ⅲ—Ⅲ断面为红山嘴—莫索湾断面。

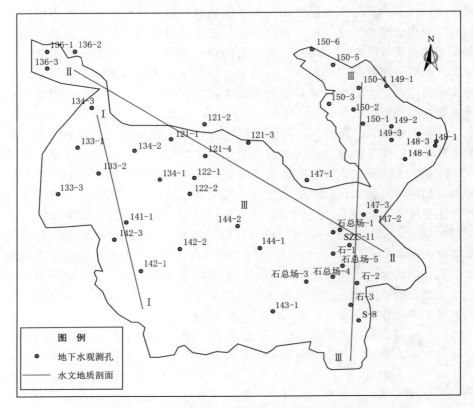

图 2.3　研究区地下水长观孔位置与水文地质剖面位置

研究区内水文地质剖面如图 2.4。

2.2.2　地下水的补给、径流与排泄条件

流域内河流发源于依连哈比尔尕山等天山支脉的高大山结，海拔约在 $5000 \sim 5500m$ 之间，也是低于中国天山最高峰——托木尔峰（7435.3m）山区的第二大高山带山结分布区，同时该区域也是冰川规模仅低于托木尔峰地区的第二大区域。河川径流补给过程呈明显的垂直地带特征，冰雪融水对河流的补给贡献为总径流量的 35.3% 左右，地下水补给量占 45% 左右。高寒区土地终年保持湿润状态，为玛纳斯河主要产流、汇流区；低山区至出山口段为玛纳斯河径流运转区；出山口以下为径流散失区。从水文地质条件来看，流域内分布东西轴向与天山山行一致的断裂和褶皱地质构造带，位于前山区，形成了由第三纪地层构成的大背斜构造，其阻断了山区和平原区的地下水联系；当河川径流穿过背斜构造进入冲积平原后，地表水和地下水就形成相互转运关系，地下水埋藏具有地貌岩相带的迁移转化规律。研究区地下水主要补给源包括河流及渠

14

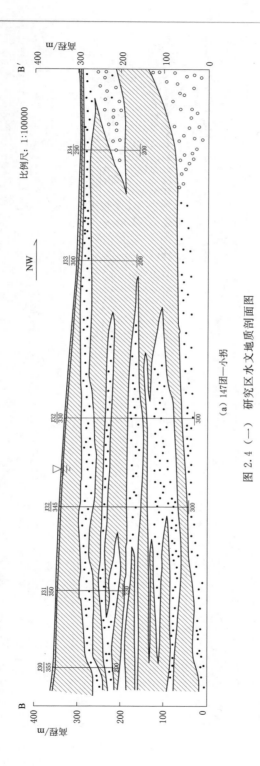

（a）147团—小拐

图 2. 4 （一） 研究区水文地质剖面图

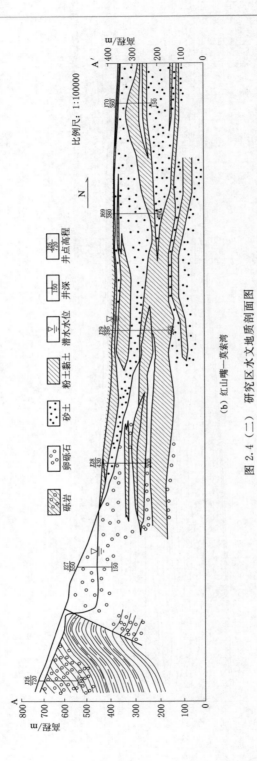

（b）红山嘴—莫索湾

图 2.4 （二）　研究区水文地质剖面图

道的入渗、田间灌溉入渗、春融水入渗、平原水库渗漏补给、降水入渗补给、山口河床潜流补给和低山丘陵区暴雨洪流入渗补给。地下水随地形坡降由南向北运移，径流条件从南向北由强变弱，水力坡度由南至北从1‰左右增加至5‰左右。地下水排泄则以泉水溢出、蒸发蒸腾、人工开采等方式为主。

2.2.3 地下水赋存条件

1. 地层岩性

玛纳斯河流域出露地层主要为第四纪地层，属于更新统一全新冲洪积物、湖积物和风积物，主要岩性为卵砾石、砂砾石、砂、亚砂土、亚黏土。地层变化为由倾斜平原的卵砾石、砂砾石变为细土平原区的砂、亚砂土，地层颗粒由粗变细。由于受基底隐伏构造影响，第四纪地层厚度变化较大，从山前的1200m减至沙漠边缘的400m左右。312国道以南，地层上部覆盖有亚砂土层，自南向北土层厚度由几十厘米至2～3cm不等，下伏则是巨厚的砂卵石层。据研究区的水文地质剖面图图2.4所示，砂卵石层由南向北，自上而下，颗粒由粗变细，直至冲洪积扇缘地段相变为湖相和沼泽相沉积物。312国道以北，岩性主要为卵砾石层、中粗砂及粉细砂。由南向北冲洪积表层覆盖有0.5～40m厚的亚砂土与亚黏土层。

潜水含水层主要由卵砾石层组成，结构松散，孔隙发育及透水性较好，含水层自南向北不仅岩性由组变细，富水性也存在较大差异。潜水溢出带以南的含水层岩性主要为卵石、卵砾石、砂砾石及粗、中、细砂等，涌水量为3000～6000m³/d，渗透系数为89～135m/d；潜水溢出带以北岩性主要为亚砂土、亚黏土与粉细砂互层，部分地夹有砂砾石、粗中砂薄层，涌水量为100～1000m³/d，渗透系数为5～37m/d。

多层结构承压水含水层位于潜水含水层之下，一般在100m深度范围内分布有2～3层比较稳定的承压水含水层，含水层单层厚度为15～30m，隔水层由亚砂土或亚黏土组成。由南至北，含水层岩性由砂砾石、中粗砂逐渐过渡为细砂、粉细砂，富水性也随之减弱，涌水量由泉水溢出带附近的300～1000m³/d降至沙漠边缘区的100m³/d，渗透系数由10～37m/d降至5m/d以下。

2. 地质构造

所研究的区域内地表水、地下水总体流向均为自南向北，水文地质条件则受地形地貌、地层岩性和地质构造的影响具有明显分带性。

（1）中高山区。海拔高程为3500.00～5000.00m的高山，山体大部分为冰雪覆盖，现代冰川发育；海拔高程为1800.00～3500.00m的中山，属降水丰沛地区，年降水量可达600mm。冰川融水、融雪和降雨是该区域内地表径流和地下水的主要补给源，其中，地下水类型主要为构造裂隙水，由冰川融水、融雪和降雨补给，地下水主要沿断层带和裂隙以下降泉的形式汇入冲沟补给河流，向下游中山区排泄。区域内主要地层为古生界火山碎屑岩类，岩性为凝灰岩、凝灰角砾岩、凝灰质砂岩等，岩石透水性差。基岩裂隙水水质较好，矿化度低，一般小于 1g/L。

（2）中低山区。海拔高程为 1300.00～1800.00m，山顶多为第四系上更新统黄土覆盖，植被发育良好，属降水丰沛地区，该区降水补给地下水或汇流后沿冲沟补给河流。区域内基岩主要为中新生界陆源碎屑岩类，岩性主要为砂岩、砂砾岩和泥岩夹煤层。据有关资料显示，钻孔可揭露承压水，当钻孔揭穿不透水泥岩后，水会从深部沿钻孔涌出；此外，相较于侏罗系煤层、火烧层中的裂隙发育状况，中生界侏罗系和白垩系地层中泥岩、砂岩、砂砾岩节理裂隙发育欠佳，这为地下水提供了贮存和排泄的空间。其地下水类型主要为构造裂隙水，主要有降雨补给，地下水主要贮存在强风化和弱风化岩体的裂隙、节理和煤层、火烧层裂隙中，地下水主要以沿裂隙以下降泉的形式沿汇入冲沟补给河流，并向下游山间洼地排泄，但其地下水水质较差，矿化度为 1～5g/L。肯斯瓦特水利枢纽就处于该区域内。

（3）山间洼地。为准噶尔盆地南缘玛纳斯凹陷带中部低洼地带（山间凹陷），呈东西向展布，宽约 1.5km，海拔高程为 800.00～1100.00m。洼地内主要堆积巨厚的新生界第四系下更新统西域组砾岩，以泥质胶结为主，局部为钙质胶结，成岩差，透水性较强，组成砾岩的颗组以卵石和砾石为主，孔隙发育，为区域内主要含水地层。地下水类型为孔隙潜水，该区域内降水较少，地下水主要由地表径流垂直渗漏补给，以潜流形式向下游排泄。由于玛纳斯坳陷北缘断裂挤压逆冲，形成东西向展布的有第三系泥岩、砂岩隆起的低山不透水层，阻断了区域内地表径流和地下水向冲洪积平原区排泄。而山间洼地中巨厚的西域砾岩中贮存着丰富的地下水，水质较好，矿化度一般低于 1g/L。同时，玛纳斯河河谷也是区域内侵蚀切割最深的河谷沟谷，因而山间洼地中会出现地下水越流域补给的现象，东部塔西河、西部金沟河沿洼地砾岩向玛纳斯河补给，在红山嘴处沿玛纳斯河近出山口段，河谷两岸沿砾岩有地下水溢出补给河水。

（4）冲洪积倾斜平原。海拔高程为 400.00～600.00m，为玛纳斯河冲洪积平原地区，是石河子市、沙湾县和玛纳斯县的绿洲区。区域内地层主要分布巨厚第四系冲洪积松散堆积的砂砾石层，上覆薄层土壤，砂砾石层透水性好，孔隙发育，为地下水主要含水层，地下水类型为孔隙潜水。该区域以蒸发为主，降水较少，地下水主要由地表径流垂直渗漏补给，以潜流形式向下游细土平原区排泄。

2.3 山区水库运行概况

2.3.1 工程概况

肯斯瓦特水利枢纽工程地处玛纳斯河干流，清水河汇入口处，坝址处河流切割深度一般在 $130\sim180\mathrm{m}$，两岸基岩裸露，地下水分水岭高于水库正常蓄水位，水库不存在大的永久性渗漏问题，工程建设过程中采用工程措施封闭槽口，库区其他岩层透水性较弱，基岩裂隙水不发育，第四纪松散层中孔隙常沿基岩渗出形成下降泉补给河水，不会产生绕坝渗漏和邻谷渗漏。枢纽工程由拦河坝、右岸溢洪道、泄洪洞和发电引水系统组成。水库正常蓄水位990m，最大坝高 126.8m，总库容 1.88 亿 m^3，灌溉面积 316.3 万亩，电站装机容量为100MW，设计年发电量为 2.76 亿 $\mathrm{kW\cdot h}$，属大（2）型工程，水库淹没总面积为 5391 亩。

枢纽利用厚度为475m的混凝土面板砂砾石坝挡水的方式，同时利用河道向右转弯的地形，依次布置泄洪建筑物，由里到外分别为发电洞、泄洪洞（由导流洞改造）、溢洪道。水库总库容 1.88 亿 m^3，防洪库容 0.356 亿 m^3，兴利库容 1.12 亿 m^3。防洪工程设计标准 50 年一遇，下游河道安全泄量为 $500\mathrm{m}^3/\mathrm{s}$；灌溉面积为 316.3 万亩，其中南部灌区灌溉面积为 114.78 万亩，灌溉保证率为 75%（滴灌保证率 95%）；发电引水流量 $112.4\mathrm{m}^3/\mathrm{s}$。

2.3.2 水库调度运行方式

肯斯瓦特水利枢纽工程是具有不完全年调节性能的综合利用水库，不同用水目的对调度运行的要求也有所不同。

（1）防洪对水库运行方式的要求。由于肯斯瓦特水库下游防洪对象较多，需要防洪库容为 0.28 亿 m^3，为增加水库的综合效益，采用的是防洪库容与兴利库容不完全结合（即部分结合）的方式。通过对防洪库容和兴利库容结合进行分析后，发现当汛限水位为984m时，水库综合指标较优，结合库容为0.24 亿 m^3。从防洪方面考虑，水库在整个汛期均要在水位高于汛限水位时，尽快使水位回落到汛限水位。

（2）兴利对水库运行方式的要求。肯斯瓦特水库灌溉服务对象为南部灌区，灌溉面积为 114.78 万亩，年供水量为 5.20 亿 m^3，肯斯瓦特水库需根据灌溉期南部灌区灌溉用水的要求，调整出库流量，以满足南部灌区灌溉供水要求。肯斯瓦特水利枢纽在石河子电力系统中的任务和作用主要是：在非供水期向系统提供调峰容量和备用容量，解决电力系统中调峰容量不足的问题；在供水期结合灌溉供水要求发挥电站的电量效益。电力系统对电站及水库的调度运行要求应服从灌溉供水任务，在灌溉用水期按下游灌溉用水发电，在非供水期按保证出力发电。

　　为满足灌区综合用水要求，肯斯瓦特水库运行方式为汛前尽可能保持低水位，为冲砂运行创造条件。汛期末在满足综合利用的前提下，尽可能蓄水，非灌溉季节在不影响次年灌溉供水的前提下，按发电要求运行。水库低水位一般出现在 4—7 月，洪水期多为 6—8 月，汛前水库需保持低水位运行进行排砂，到 8 月或 9 月水库则需蓄至较高水位。

2.3.3　水利工程关系

　　肯斯瓦特水利枢纽工程位于玛纳斯河支流清水河汇入口以下约 500m 处，距下游红山嘴引水枢纽 29.34km，距石河子市约 70km。坝址至红山嘴引水枢纽之间已建有两级引水式水电站，一级电站取水口位于拟建肯斯瓦特水利枢纽下游 3.0km，一级电站装机容量 50MW；二级电站取水口接一级电站尾水，二级电站装机容量 12.8MW。红山嘴引水枢纽以下则建有三～五级水电站，三级电站装机容量 26.25MW，四级和五级水电站装机容量均为 13MW。红山嘴引水渠首沉砂池后一部分经跨河渡槽投入石河子区的六浮渠、洞子渠，另一部分直接进入东岸大渠，经三～五级水电站发电后的尾水也可投入东岸大渠。

第3章　地下水动态变化及驱动力分析

3.1　地下水埋深动态变化分析

3.1.1　地下水埋深年内变化

　　研究区南部主要为冲洪积扇区，区域内地下水含水层属于单一结构的潜水区，补给源主要为各河河道水、暴雨洪流和春雪融化水入渗补给。每年7—8月，降水较多，对地下水补给强度较大，在此影响下，地下水位有所上升，到每年的10月水位达到峰值，上升幅度约2.5m；10月后水位逐渐回落，至次年3月达到正常水位。据《2020年石河子水资源公报》显示，当年地表水为丰水年，地下水位即呈上升态势，较2019年上升了0.35m。年内水位即呈下降态势，区域内水位变幅平均达1.95m，地下水水位动态受水文要素影响明显。

　　冲洪积扇区地下水变幅带岩性多以卵砾石、砂砾石为主，扇缘至北界变幅带岩性多以中粗砂、中砂为主，平均变幅带给水度为0.20。由此可知石河子灌区地下水水位下降幅度为0.41m。通过长观孔观测成果综合分析，石河子灌区地下水水位每年下降幅度在0.19～0.54m之间，呈典型的水文型动态。地下水典型长观孔水埋深年内变化过程见图3.1。

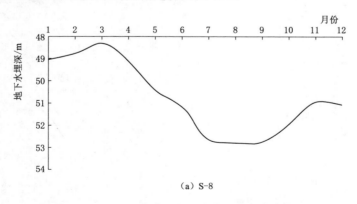

(a) S-8

图3.1（一）　地下水典型长观孔水埋深年内变化过程

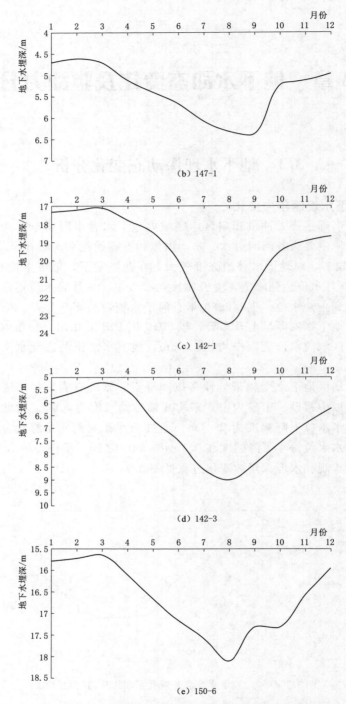

(b) 147-1

(c) 142-1

(d) 142-3

(e) 150-6

图 3.1（二）　地下水典型长观孔水埋深年内变化过程

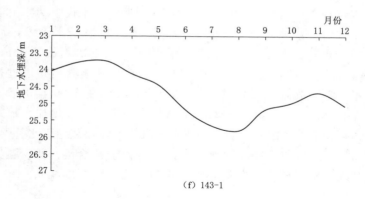

(f) 143-1

图 3.1（三）　地下水典型长观孔水埋深年内变化过程

位于冲积洪积平原区的广大绿洲灌区属于引水灌溉，因渠系水、田灌水大量入渗补给潜水，致使潜水水位逐年抬升。由于灌区为内陆半干旱—干旱气候，蒸发强度大，强烈的蒸发蒸腾作用是潜水含水层实现水盐均衡的主导因素。因此，一方面，灌区细土平原区潜水水位受人工灌溉活动而抬升，但同时又因蒸发蒸腾作用而下降，最终形成典型的灌溉—蒸发型动态。另一方面，潜水水位在年内多出现季节性变化，一般每年 8 月潜水水位降到最低点，11 月以后潜水水位逐渐回升，也致使灌区呈典型的灌溉—蒸发型动态。

灌区内，地下水类型以多层结构的承压水为主，含水层岩性以细砂、粉细砂为主。渗透性和富水性较差，不宜集中开采。因而在绿洲灌区，受灌溉入渗补给和人工开采因素的影响，表现为灌溉入渗—开采型。但由于引水灌溉、入渗补给地下水量较多，地下水位抬升，在一些地区产生了土壤次生盐渍化。为了改良土壤，灌区开挖排水渠和打井提水灌溉，使地下水位得到了一定程度的控制。

灌区潜水水位动态受灌溉、蒸发和开采共同影响，其中以人工开采为主，表现为灌溉与人工开采混合型特征。最高水位出现在 3—4 月，期间积雪融化，春灌未开始或某些地区刚刚开始，造成地下水位持续上升，使 3—4 月出现最高水位。到 5—8 月气温升高，蒸发加大，再加上又是农作物需水的高峰期，大量开采地下水，会导致地下水位持续下降，8—9 月左右出现最低水位，此后随着侧向径流的补给，地下水位出现回升。各长观孔的年变幅不等，变幅较大的是莫索湾灌区边缘团场，最大变幅为 5.6m。

3.1.2　地下水埋深年际变化

20 世纪 50 年代起，研究区水源得到开发，如今地下水埋深整体上经历了一升一降两个主要变化过程。20 世纪 70 年代中期以前，地下水水位埋深较大，但无实测资料纪录。相关专家学者从灌区现存的地道挖掘深度推测，当时地下水水位埋深普遍大于 10m。70 年代后期至 90 年代中期，由于水利工程配套并不完善，灌溉水平也不高，由此造成大量灌溉水入渗，从而使地下水水位抬升迅猛，在强烈的蒸发蒸腾作用下，土壤次生盐渍化日趋严重。90 年代该灌区为了降低地下水水位，开始研究改良土壤，并通过排渠排水方式起到了一定的成效。从 90 年代后期至今，特别是 2000 年以后，一方面为了提高灌溉保证程度，另一方面为了增加灌溉面积，开始加大地下水开发利用强度，再加上渠系配套、防渗、节水灌溉等因素导致地下水补给量减少，综合体现为地下水水位下降，即地下水排泄量大于补给量。据新疆生产建设兵团第八师地下水长期观测资料表明，年均水位下降幅度在 0.04～0.14m/a 之间。

在中下游洪积扇边缘区，其绿洲灌区水位的升降变化特征与莫索湾灌区基本一致，2016 年该灌区的地下水水位下降幅度为 0.14m，地下水动态长观孔观测结果为 0.06～0.34m。该灌区年水位变化分布特点为：在西岸大渠附近的集中农作区和地下水富水性、水质相对较差的地带，地下水开发利用程度较低，地下水水位居高不下；在玛纳斯河现代河道和古河道附近的灌区，由于该地带引水途径长，地表水有效利用系数相对较低，而地下水含水层富水性及水质较好，所以地下水开发程度相对较高，因此地下水水位较低。经综合分析，地下水年均下降幅度约 0.14m。

石河子市城市供水水源地和安集海灌区 1 号水源地等部分地区属于位于冲洪积扇中下部的地下水集中开采区。由于大量开采地下水，在水源地周围形成面积约 15km² 的区域降落漏斗，经计算，1964—2014 年多年平均地下水持续下降速率为 0.357m。随着地下水开采量日益增大，冲洪积扇溢出带泉水逐年减少，地下水位明显下降，50 多年间下降了约 12～15m，年均下降幅度 0.3～0.5m。

冲洪积平原在开垦初期打了许多自流井，井的自流量自南向北递减。随着垦区的不断发展，地下水的开发力度逐渐加大，原有的自流井流量逐渐减小，大多数自流井便相继断流。另外，近 40 年来，垦区机井的凿井深度不断增大，从多年前的 50～80m，发展到近年来机井深度普遍超过 150m，北部下游垦区甚至相当多的机井井深达 400 多 m。这一现象充分表明了垦区中下部平原区承压含水层的水位逐年下降的事实。在垦区水文地质条件和地下水的补给条件变化不大的情况下，此现象与不断增加的地下水开发活动密切相关。经调查分析，区域内承压水水位的不断下降，主要为人工开采所致，由此形成开采型动态。

由图 3.6 可知，20 世纪 90 年代末期，冲积平原区各观测井水位相差较大，但趋势一致，平均埋深 3.5～4.2m，其变化幅度为 1m 左右，单井最大埋深近 5m；而洪积扇缘各观测井水位相差不大，趋势一致，平均埋深 1.5～2.2m，变化幅度不大，单井最大埋深为 2.7m。20 世纪初期，地下水位较 90 年代末期年内变化幅度减弱，且冲积平原区水位呈上升趋势，而洪积扇区水位则缓慢下降。

平原绿洲灌区基本在冲洪积平原内，地下水主要受河道渗漏补给、库渠渗漏补给、山前侧向径流补给及灌溉入渗补给。排泄项主要为人工开采及潜水蒸发两个方面。1996 年膜下滴灌技术面市，在 2000 年前后得到大量推广应用，至 2005 年达到顶峰，这项技术对地下水的补排过程造成了较大影响，各灌区的多年地下水埋深动态变化特征基本上反映了这一变化。不同区域内地下水埋深与灌溉用水量、地下水开采量的关系及动态过程见图 3.2～图 3.5。

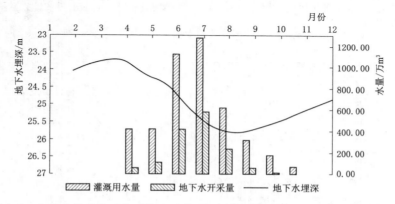

图 3.2　上游山前丘陵区典型井地下水埋深与灌溉用水量、地下水开采量关系图

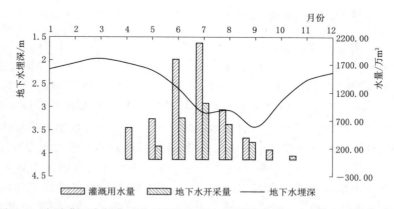

图 3.3　中游灌区内部典型井地下水埋深与灌溉用水量、地下水开采量关系图

通过分析可知，各灌区在 1990—2000 年间，水位均呈波动状态，部分灌区如石河子灌区、金沟河灌区、安集海灌区等，其水位与年径流过程具有一

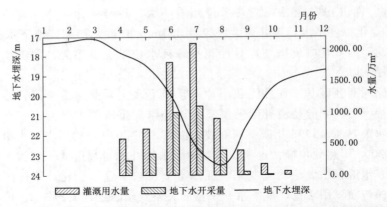

图 3.4　下游洪积扇缘典型井地下水埋深与灌溉用水量、地下水开采量关系图

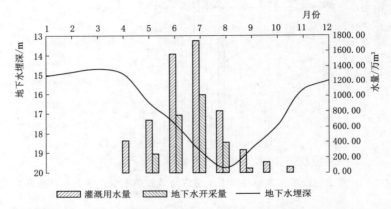

图 3.5　下游荒漠绿洲过渡带典型井地下水埋深与灌溉用水量、地下水开采量关系图

定程度上的响应过程。而丰水年地下水埋深又有不同程度的回升，但在 2000—2005 年间，各灌区的地下水埋深均显著下降，下降速率为整个统计周期内最大，2005 年以后流域内灌区地下水位虽仍呈小幅下降的趋势，但与 2000—2005 年相比，降幅大幅度减小。而同期由于地下水总开采量受政策控制有所下降，2015 年以后，部分灌区的地下水与河道径流量的响应较为明显，反映出流域平原绿洲区整体上受人工开采量、灌溉用水量及灌溉方式的共同影响，尤其是人工开采量、灌溉模式对地下水动态变化的影响最为显著。

从灌区的角度来看，各灌区内地下水埋深多年来呈均持续下降的趋势。但各灌区的变化趋势差异明显。处于上游的石河子灌区、金沟河灌区及安集海灌区对径流有一定的敏感性，径流的丰枯一定程度上影响了地下水动态过程。部分灌区如下野地灌区的沿河部分团场，对水库下泄流量有一定敏感性。而处于沙漠腹地的莫索湾灌区地下水位呈持续下降趋势，从 1990—2016 年的

20 多年间，地下水位下降 7.24m，年均下降幅度为 0.35m，且呈现出明显的持续动态。地下水动态长观孔地下水埋深年际变化过程见图 3.6。

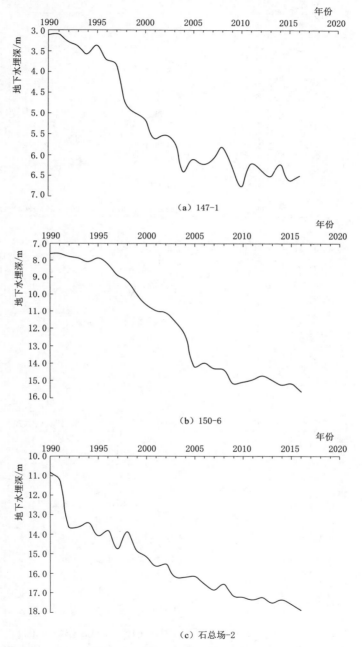

（a）147-1

（b）150-6

（c）石总场-2

图 3.6（一） 不同灌区地下水动态长观孔地下水埋深年际变化过程

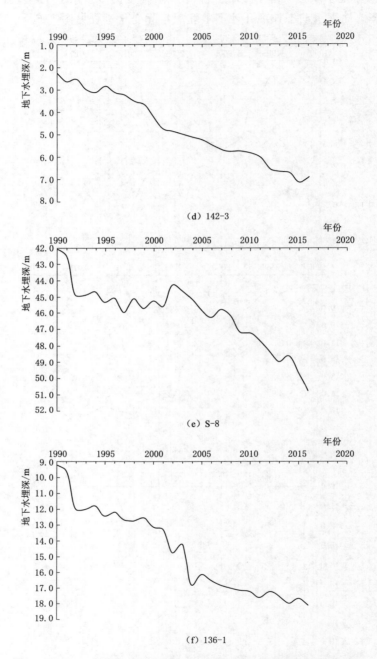

(d) 142-3

(e) S-8

(f) 136-1

图 3.6（二）　不同灌区地下水动态长观孔地下水埋深年际变化过程

3.2　地下水埋深变化驱动力分析

3.2.1　主成分分析法概述

主成分分析（principal component analysis，PCA）又称主分量分析，是通过线性变换在多个变量中选出少数重要变量的多元统计方法。该方法是由 K. 皮尔森对非随机变量引入的，尔后 H. 霍特林将此方法推广到随机向量分析中。影响程度主要以离差平方和或者方差的大小进行衡量。

在解决实际问题过程中，为了使分析得更加全面，在分析问题过程中需要考虑很多因素。主成分分析是从与研究问题存在相关性的多个指标中，经过重新组合，形成一组新的彼此无相关性的综合指标集合。通常的处理方式为将原来指标进行线性组合，形成新的指标。该方法属于典型的数学降维处理技术。通过分析各组合的方差 $\text{Var}(F1)$ 来衡量其对包含评价对象信息的多少。其具体转换过程如下：

原变量指标：$x_1, x_2, \cdots, x_p$，转换为新变量指标为 $z_1, z_2, \cdots, z_m (m \leqslant p)$。则

$$\begin{cases} z_1 = L_{11}x_1 + L_{12}x_2 + \cdots + L_{1p}x_p \\ z_2 = L_{21}x_1 + L_{22}x_2 + \cdots + L_{2p}x_p \\ \qquad\qquad \cdots\cdots \\ z_m = L_{p1}x_1 + L_{p2}x_2 + \cdots + L_{1p}x_p \end{cases} \tag{3.1}$$

式中：

（1）z_i 与 $z_j (i \neq j; \ i、j = 1, 2, \cdots, m)$ 无相关性。

（2）z_1 是 $z_1, z_2, \cdots, z_p$ 的一新变量指标的线性组合中方差最大者；z_2 是与 z_1 无相关性的 $x_1, x_2, \cdots, x_p$ 的新变量指标的线性组合中方差最大者；z_m 是与 $z_1, z_2, \cdots, z_{m-1}$ 均无相关性的 $x_1, x_2, \cdots, x_p$ 的新变量指标的线性组合中方差最大者。

分别称新变量指标 $z_1, z_2, \cdots, z_m$ 为原变量指标 $x_1, x_2, \cdots, x_p$ 的第 1、第 2、…、第 m 主成分。作为第 1 主成分，z_1 所包含原系列的信息最多，z_2，$z_3, \cdots, z_m$ 包含原系列的信息量依次递减。在实际运用过程中，一般确定排序靠前的若干个主成分，在保留关键影响因素的同时，实现了降维，简化了处理难度。

通过上述分析可以发现主成分分析关键在于确定原变量序列 $x_j (j = 1, 2, \cdots, p)$ 在诸主成分 $z_i (i = 1, 2, \cdots, m)$ 上的载荷 $l_{ij} (i = 1, 2, \cdots, m; j = 1, 2, \cdots, p)$，即 $x_1, x_2, \cdots, x_p$ 的相关矩阵的 m 个较大的特征值所对应的特征向量。

3.2.2　主成分分析的计算方法

主成分分析的计算步骤进行如下：

（1）相关系数矩阵建立。

$$R = \begin{vmatrix} r_{11} & r_{11} & \cdots & r_{11} \\ r_{21} & r_{22} & \cdots & r_{2p} \\ M & M & \cdots & M \\ r_{p1} & r_{p1} & \cdots & r_{pp} \end{vmatrix} \tag{3.2}$$

式（3.2）中，r_{ij} 为原变量序列的各变量之间相关系数。

（2）特征向量计算。

首先，对特征方程进行求解，其特征值序列为 $\lambda_i(i=1,2,\cdots,p)$，然后将特征值序列按从大到小排序，得 $\lambda_{i序列}(\lambda_1,\lambda_2,\cdots,\lambda_p)$，最后，求解特征值 λ_i 对应的特征向量 $e_i(i=1,2,\cdots,p)$。

（3）贡献率与累计贡献率计算。

贡献率 C_i 由式（3.3）计算：

$$C_i = r_i / \sum_{k=1}^{m} \gamma_k \tag{3.3}$$

主成分的累计贡献率 C_c 由式（3.4）计算：

$$C_c = \sum_{k=1}^{m} \gamma_k / \sum_{k=1}^{p} \gamma_k \tag{3.4}$$

通常情况下，当特征值的累计贡献率达 85% 以上时，取其对应的若干个主成分进行分析。

（4）载荷计算。

$$p(z_k, z_k) = \sqrt{\gamma_k}\, e_{ki} \tag{3.5}$$

（5）主成分计算。

$$z = \begin{vmatrix} z_{11} & z_{11} & \cdots & z_{11} \\ z_{21} & z_{22} & \cdots & z_{2p} \\ M & M & \cdots & M \\ z_{n1} & z_{n1} & \cdots & z_{np} \end{vmatrix} \tag{3.6}$$

3.2.3　影响因子选择

影响干旱区地下水多少的主要因素包括气象因素、排泄因素及补给因素三方面。其中：①气象因素主要有蒸发量和降水量两个指标；②排泄因素主要有灌溉用水量和地表水引水量两个指标；③补给因素则主要由河道径流量指标反映。（杨广等，2011；冯慧敏等，2014）。

3.2.4　各因子特征值及主成分贡献率

利用 SPSS 软件可以对研究区各灌区地下水位的影响因子进行主成分分

析，分析内容包括建立相关系数矩阵、各因子特征值及其主成分贡献率与累积贡献率、因子旋转载荷矩阵、主成分特征向量矩阵等，各主成分分别以 D_1、D_2、D_3、D_4、D_5、D_6 表示。其中，各灌区因子特征值及主成分贡献率见表 3.1。

表 3.1　　　　　　　各因子特征值及主成分贡献率

主成分	石河子灌区		下野地灌区		莫索湾灌区		金沟河灌区		安集海灌区	
	特征值	贡献率/%	特征值	贡献率/%	特征值	贡献率/%	特征值	贡献率/%	特征值	贡献率/%
蒸发量 D_1	3.12	62.40	3.27	65.46	3.33	66.58	3.17	63.40	3.24	64.80
降水量 D_2	0.91	18.20	0.86	17.12	0.85	17.00	0.89	17.80	0.84	16.80
灌溉引水量 D_3	0.34	6.80	0.41	8.16	0.37	7.40	0.35	7.06	0.36	7.18
地表水引水量 D_4	0.19	3.80	0.18	3.60	0.18	3.60	0.19	3.80	0.22	4.30
水库群蓄水量 D_5	0.29	5.80	0.12	2.40	0.16	3.20	0.23	4.60	0.24	4.80
径流量 D_6	0.15	3.00	0.16	3.26	0.11	2.22	0.17	3.34	0.11	2.12

3.2.5　主成分综合模型

通过对主成分对应的特征值计算，得到两个主成分中每个指标所对应的系数，以每个主成分对应特征值占所提取主成分总特征值的比例作为权重，建立流域各灌区的地下水位驱动力综合模型，其中 F_S、F_X、F_M、F_J 及 F_A 分别代表石河子灌区、下野地灌区、莫索湾灌区、金沟河灌区及安集海灌区的相应值，所建模型如式（3.7）～式（3.11）所示。

$$F_S = 0.2187D_1 + 0.2849D_2 + 0.1948D_3 + 0.1741D_4 + 0.1903D_5 + 0.1903D_6$$
$$(3.7)$$

$$F_X = 0.3851D_1 + 0.3138D_2 + 0.1436D_3 + 0.1621D_4 + 0.0666D_5 + 0.0903D_6$$
$$(3.8)$$

$$F_M = 0.3773D_1 + 0.3322D_2 + 0.3776D_3 + 0.3641D_4 + 0.3629D_5 + 0.1903D_6$$
$$(3.9)$$

$$F_J = 0.3735D_1 + 0.2377D_2 + 0.3822D_3 + 0.3780D_4 + 0.3740D_5 + 0.1903D_6$$
$$(3.10)$$

$$F_A = 0.3212D_1 + 0.3332D_2 + 0.3125D_3 + 0.2189D_4 + 0.1594D_5 + 0.1762D_6$$
$$(3.11)$$

3.2.6　主要驱动因子分析

通过影响因子分析与驱动力综合模型的计算，得出如下结论：

（1）第一主成分与第二主成分的累计贡献率均约为 85%。根据主成分提取原则，应提取特征值大于 1 或累计贡献率 85% 的若干个主成分。因此取前两个主成分，这两个主成分包含了全部指标的基本信息。

（2）由表 3.2 可知，石河子灌区、下野地灌区、莫索湾灌区、金沟河灌区及安集海灌区地下水的两个主成分中，除蒸发量外，第一主成分与灌溉用水量、地表水引水量、径流量的相关性较强。表明流域绿洲平原区地下水动态过程的主要影响因素为蒸发量、灌溉用水、地表水引水量、径流量。地下水埋深的主要驱动因子按贡献率从大到小排序见表 3.2。

表 3.2　　　　　　　　　　地下水埋深主要驱动因子贡献率排序

灌　区	因子 1	因子 2	因子 3	因子 4	因子 5
石河子灌区	灌溉用水量	蒸发量	径流量	地表水引水量	降水量
下野地灌区	蒸发量	径流量	地表水引水量	降水量	灌溉用水量
莫索湾灌区	灌溉用水量	蒸发量	地表水引水量	径流量	降水量
金沟河灌区	灌溉用水量	蒸发量	地表水引水量	径流量	降水量
安集海灌区	灌溉用水量	地表水引水量	径流量	蒸发量	降水量

由分析结果可知，蒸发量和灌溉用水量是影响大部分灌区地下水的主要因素。在其他影响因素的贡献率上，各灌区有一定差异：石河子灌区、莫索湾灌区及金沟河灌区地下水埋深最主要的因素是灌溉用水量与蒸发量，降水量对上述 3 个灌区地下水埋深影响最小。而蒸发量是下野地灌区地下水埋深主要的影响因素，降水量和灌溉用水量影响较小。影响因素主要体现在上游径流量对地下水的补给，整体来看，流域绿洲平原区地下水埋深的影响因素主要表现在两个方面，一方面是地下水开采量，另一方面是蒸发量。根据相关研究，北疆地区当潜水位埋深超过 4m 时，潜水蒸发作用微弱。因此潜水埋深大于 4m 的灌区，地下水埋深动态过程主要受人为因素影响，故驱动因子分析结果基本合理。

研究区地下水整体上主要影响因素为灌溉用水量和蒸发量。各团场的地下水位变化驱动力不尽相同，其中下野地灌区地下水埋深变化的主要影响因素为蒸发量，其他因素（径流量、地表水引水量和降水量）影响较小；石河子灌区地下水位变化的主要影响因素为灌溉用水量，其他因素（地表水引水量、降水量和灌溉用水量）影响较小；莫索湾灌区地下水位变化的主要影响因素也为灌溉用水量，其他因素（径流量、蒸发量和降水量）影响较小。主要是因为莫索湾灌区大部分地区位于沙漠边缘，潜水埋深大，使得蒸发、降雨等自然因素对地下水的补给、排泄影响相对较小。而同样处于沙漠边缘的下野地灌区的地下水影响因素与莫索湾灌区有明显差异，最显著的影响因素是蒸发量，降水量和灌溉用水量影响较小，主要是由于两个灌区地下水埋深存在显著差异而导致。

3.3 地下水均衡分析

3.3.1 地下水均衡方程建立

地下水均衡法是通过分析均衡区在均衡期内地下水的补给、排泄之间的转化关系，以分析地下水水量平衡状态。其原理简单、方法灵活、计算简便、适用范围广，主要的计算步骤为：①确定地下水均衡区；②确定地下水均衡期；③确定地下水的均衡要素；④建立地下水均衡方程。

(1) 均衡区。本次均衡区为玛纳斯河红山嘴断面以下的绿洲平原区，主要包括石河子灌区、下野地灌区、莫索湾灌区、金沟河灌区及安集海灌区五个部分，以深度在 300m 内的含水层为计算对象，均衡区面积为 7698km^2。

(2) 均衡期。均衡期为 2016 年 1 月 1 日至 2016 年 12 月 31 日。

(3) 均衡要素。根据均衡区水文、气象及水文地质条件，结合当地水资源开发利用状态，确定其地下水主要均衡要素分为补给项与排泄项两个方面。其中，补给项主要包括降水入渗补给量、河道渗漏补给量、库塘渗漏补给量、渠系渗漏补给量、田间入渗补给量及侧向补给量；排泄项主要包括潜水蒸发量、地下水开采量、泉水排泄量、侧向排泄量。

(4) 水均衡方程。根据均衡区的水文地质及补排条件，建立均衡区地下水均衡方程：

$$X = Q_{补} - Q_{排} \pm \Delta W \tag{3.12}$$

$$Q_{补} = Q_{蒸} + Q_{开采} + Q_{泉} + Q_{侧出} \tag{3.13}$$

$$Q_{排} = Q_{蒸} + Q_{开采} + Q_{泉} + Q_{侧出} \tag{3.14}$$

$$\Delta W = 100(h_2 - h_1)\mu F / t \tag{3.15}$$

$$\delta = \frac{X}{Q_{补}} \times 100\% \tag{3.16}$$

式中：$Q_{补}$ 为总补给量；$Q_{排}$ 为总排泄量；$Q_{蒸}$ 为潜水蒸发量；$Q_{开采}$ 为地下水开采量；$Q_{泉}$ 为泉水排泄量；$Q_{侧出}$ 为侧向排泄量；ΔW 为地下水储变量；h_2 为时段末水位；h_1 为时段初水位；μ 为给水度；F 为均衡区面积；t 为均衡期；X 为绝对均衡误差；δ 为相对均衡误差。

3.3.2 地下水补给项计算

根据均衡区水文地质条件及相关统计资料，均衡区目前地下水补给方式主要有降水入渗补给、河道渗漏补给、库塘渗漏补给、渠系渗漏补给、田间入渗补给及地下水侧向补给量等六个方面。

1. 降水入渗补给量计算

降水入渗补给量是指降水入渗到土壤中补给地下水的水量，其计算过程如下：

$$Q_{降}=0.1P\alpha F \tag{3.17}$$

式中：$Q_{降}$ 为降水入渗补给量，万 m^3；P 为有效降水量，mm；α 为降水入渗系数，无因次；F 为均衡区面积，km^2。

均衡区降雨入渗补给系数 α 的取值见表 3.3。

表 3.3　　　　　　　均衡区降雨入渗补给系数（α）

地下水埋深/m	<1	1~3	3~6
α	0.12	0.1	0.08

据相关文献资料显示，新疆干旱区内陆区的降水入渗对地下水的补给一般只发生在地下水埋深小于 6m 的情况。通过对均衡区的地下水埋深进行统计分析，为了便于精确计算降雨入渗补给，将均衡区地下水埋深小于 6m 的区域按照 0~1m、1~3m 及 3~6m 进行分区统计。因降水入渗补给量与次降水量紧密相关，通常认为月降水量超过 20mm 为有效降雨量。故此均衡计算只统计当月累计降水量超过 20mm 的降水。均衡区降雨入渗补给计算结果见表 3.4。

表 3.4　　　　　　　均衡区降水入渗补给计算结果

灌　区	地下水埋深/m			P/mm	$Q_{降}$/万 m^3
	<1	1~3	3~6		
	F/km²				
石河子灌区	124	69	86	116.4	463
下野地灌区	86	24	1024	74.8	686
莫索湾灌区	0	42	204	52.7	126
金沟河灌区	0	0	0	150.2	0
安集海灌区	0	40	39	178.6	132
合　计					1407

由表 3.4 可知，均衡区均衡期内河道入渗补给量为 1407 万 m^3。

2. 河道渗漏补给量计算

均衡区河道渗漏补给量计算过程如下：

$$Q_{河渗}=MQ_{径} \tag{3.18}$$

式中：$Q_{河渗}$为河道渗漏补给量，万 m^3；M 为河道渗漏补给系数，无因次；$Q_{径}$为河道径流量，万 m^3。

均衡区主要有 4 条河流，分别为玛纳斯河、巴音沟河、金沟河及宁家河。来水量分别取用玛纳斯河肯斯瓦特水文站、红山头站、黑山头站及宁家河渠首站 2016 年年径流实测资料。其中河道渗漏补给系数 M 根据各河道实际地质资料取 0.157。河道入渗补给量计算结果见表 3.5。

根据计算结果可知，均衡区均衡期内河道入渗补给量为 1.56 亿 m^3。

表 3.5 均衡区河道入渗补给量计算结果 单位：亿 m^3

河 流	$Q_{径}$	引水量	$Q_{河渗}$
玛纳斯河	10.92	6.99	1.10
金沟河	2.46	1.25	0.20
巴音沟河	2.39	1.60	0.25
宁家河	0.59	0.09	0.01
合 计	16.36	9.94	1.56

3. 库塘渗漏补给量计算

均衡区库容大于 100 亿 m^3 的水库共有 14 座水库，根据各水库运行工况及空间位置等基本情况分析，均衡区库塘渗漏补给量采用入渗系数法，见式（3.19）。

$$Q_{库渗} = \alpha_{库} Q_{库容} \tag{3.19}$$

式中：$Q_{库渗}$为库塘渗漏补给量，万 m^3；$\alpha_{库}$为渗漏补给系数，无因次；$Q_{库容}$为水库容积，万 m^3。

根据各水库库区水文地质资料确定库塘渗漏补给系数 $\alpha_{库}$，库塘渗漏补给量计算结果见表 3.6。

表 3.6 均衡区库塘渗漏补给量计算结果

水 库	$Q_{库容}$/万 m^3	$\alpha_{库}$	渗漏量/万 m^3
肯斯瓦特水库	18800	0.05	940
蘑菇湖水库	18000	0.06	1080
夹河子水库	10011	0.08	801
跃进水库	10000	0.08	800
大泉沟水库	4000	0.15	600
新户坪水库	3000	0.12	360

水　库	$Q_{库容}$/万 m³	$\alpha_{库}$	渗漏量/万 m³
柳树沟水库	1325	0.15	199
白土坑水库	1250	0.12	150
安集海水库	3480	0.08	278
安集海二库	3200	0.10	320
洪沟水库	1335	0.10	133
献礼水库	298	0.15	45
卡子湾水库	650	0.15	98
莫索湾水库	600	0.15	90
合　计			5894

由表 3.6 可知，均衡区均衡期内库塘渗漏补给量为 5894 万 m³。

4. 渠系渗漏补给量计算

按照《地下水资源量及可开采量补充细则》相关规定，渠系渗漏量需要计算干渠与支渠的渗漏补给量。采用渠系渗漏补给系数法计算渠系渗漏补给量，见式 (3.20)。

$$Q_{渠渗} = mQ_{渠首引} \tag{3.20}$$

$$m = \gamma(1-\eta) \tag{3.21}$$

式中：$Q_{渠渗}$ 为渠系渗漏补给量，万 m³。$Q_{渠首引}$ 为渠首引水量，万 m³。m 为渠系渗漏补给系数，无因次；γ 为渠系渗漏补给修正系数，无因次；η 为渠系有效利用系数，无因次。渠系渗漏补给量计算结果见表 3.7。

表 3.7　　　　　　　　　　　渠系渗漏补给量计算结果

灌　区	$Q_{渠首引}$/万 m³	γ'	γ''	η	$Q_{渠渗}$/万 m³
玛纳斯河灌区	73284	0.7	0.8	0.70	12312
金沟河灌区	15987	0.6	0.8	0.72	2149
安集海灌区	8954	0.6	0.75	0.77	926
合　计	98225				15387

根据计算结果可知，均衡区均衡期内渠系渗漏补给量为 15387 万 m³。

5. 田间入渗补给量计算

均衡区田间入渗补给主要包括斗农渠系渗漏补给与灌溉水田间入渗补给量两部分。斗农渠渠系渗漏补给计算与渠系渗漏补给的计算方法相同，以式 (3.20) 进行计算，其过程见表 3.8。

表 3.8　　　　　　　　　　斗农渠渠系渗漏补给量

灌 区	$Q_{渠首引}$/万 m³	γ'	γ''	η	$Q_{渠渗}$/万 m³
玛纳斯河灌区	71883	0.7	0.75	0.82	6793
金沟河灌区	16536	0.6	0.75	0.82	1339
安集海灌区	14348	0.6	0.75	0.85	968
合 计	102767				15100

灌溉水田间入渗补给量计算见式（3.22）。

$$Q_{灌溉} = \beta Q_{田入} \tag{3.22}$$

式中：$Q_{灌溉}$ 为灌溉水田间入渗补给量，万 m³；β 为灌溉田间入渗补给系数，无因次；$Q_{田入}$ 为田间灌溉水量，万 m³。

灌溉田间入渗补给系数 β 受土壤岩性、地下水位埋深、灌溉定额、包气带含水量及蒸发强度等因素的影响，经综合考虑均衡区的各影响因素后，确定均衡区灌溉入渗补给系数，见表 3.9，计算过程见表 3.10。

表 3.9　　　　　　　研究区灌溉入渗补给系数 （**β**）

岩 性	地下水埋深/m			
	0～1	1～3	3～6	＞6
	β			
黏性土	0.22	0.15	0.06	0.02
砂性土	0.25	0.20	0.09	0.06
砂砾石	0.25	0.20	0.15	0.14

表 3.10　　　　　　　灌溉水田间入渗补给量计算结果

灌 区	$Q_{田入}$/万 m³	β	$Q_{灌溉}$/万 m³
玛纳斯河灌区	58944	0.067	3949
金沟河灌区	13560	0.06	814
安集海灌区	12196	0.066	805
合 计	84700		5568

根据表（3.10）可知，均衡区均衡期内田间入渗补给总量为 84700 万 m³。

6. 地下水侧向补给量计算

根据达西定理，采用断面法计算地下水侧向补给量，见式（3.23）。

$$Q_{侧补} = KIHLT\sin\alpha \tag{3.23}$$

式中：$Q_{侧补}$ 为地下水侧向补给量，万 m³；K 为渗透系数，m/d；I 为水力坡度，无因次；H 为含水层的厚度，m；L 为计算断面的长度，m；T 为计算时段，d；α 为计算断面与地下水流向之间的夹角。

根据流域的水文地质构造，均衡地下水的流向主要为由南向北，主要补给方式为山区向平原区侧向补给，主要补给区域为山区与平原区的过渡带。由于研究区只有金沟河灌区与石河子灌区处于该地带，因此，地下水侧向补给计算只涉及这两个灌区，计算过程见表 3.11。

表 3.11　　　　　　　　研究区地下水侧向补给量计算结果

边　界	K/(m/d)	I	H/m	L/m	T/d	α	$Q_{侧补}$/万 m³
金沟河灌区南边界	50	0.0007	150	32435	365	60	5383
石河子灌区南边界	80	0.0007	150	41237	365	60	10949

由表 3.11 可知，均衡区 2016 年地下水侧向补给总量为 16332 万 m³。

3.3.3　地下水排泄项计算

经分析，均衡区目前地下水排泄方式主要有潜水蒸发排泄、人工开采排泄、泉水溢出排泄及侧向排泄四个方面。

1. 潜水蒸发量

潜水蒸发量计算采用较为通用的潜水蒸发公式，计算过程见式（3.24）。

$$Q_{蒸} = 0.1 E_0 FCK \tag{3.24}$$

式中：$Q_{蒸}$ 为潜水蒸发量，万 m³；E_0 为水面蒸发量，mm；F 为均衡区面积，km²；C 为潜水蒸发系数，无因次；K 为植被修正系数，无因次。

根据均衡区水文地质情况综合确定潜水蒸发系数及植被修正系数，见表 3.12。均衡区潜水蒸发量计算结果见表 3.13。

表 3.12　　　　　　均衡区潜水蒸发系数与植被修正系数（C）

地下水埋深/m	<1	1~3	3~6
C	0.2	0.12	0.02
K	1.4	1.2	1.1

表 3.13　　　　　　　　均衡区潜水蒸发量计算结果

灌　区	地下水埋深/m			E_0/mm	$Q_{蒸}$/万 m³
	<1	1~3	3~6		
	F/km²				
石河子灌区	64	59	302	1342	7845
下野地灌区	76	24	1242	1676	9271
莫索湾灌区	0	35	242	1773	1983
金沟河灌区	0	0	0	1270	0
安集海灌区	0	34	42	1102	843
合　计					19942

由表 3.13 可知，均衡区均衡期内潜水蒸发量为 19942 万 m^3。

2. 人工开采排泄量

根据均衡区相关统计资料，区域内仍在使用的机井共 2721 眼。其中 2403 眼为农用井，318 眼为城镇供水井。均衡区地下水开采量统计结果见表 3.14。

表 3.14　　　　　均衡区地下水开采量统计结果　　　　单位：万 m^3

灌　区	石河子灌区	下野地灌区	莫索湾灌区	金沟河灌区	安集海灌区	合计
农用井	10924	3641	4985	3996	6975	30521
城镇供水井	9254	1731	1275	157	324	12741
合　计	20178	5372	6250	4153	7299	43262

由表 3.14 可知，均衡区均衡期内地下水开采排泄量为 43262 万 m^3。

3. 泉水溢出排泄量

经调查，均衡区泉水的主要分布带位于洪积扇扇缘，随着均衡区近年来地下水高强度开发利用，泉水溢出带范围与溢出量都明显减小，目前泉水溢出主要地区为仅在十户窑村一带、水库大泉沟水库及蘑菇湖水库上游附近地带零星分布。根据新疆兵团勘测设计研究院地勘分院与新疆兵团第八师水利局相关统计资料可知，均衡区泉水溢出量为 11580 万 m^3。

4. 侧向排泄量

综合分析均衡区地下水的流向为由南向北，结合地下水位情况，确定均衡区北部为地下水侧向排泄边界。整体由绿洲灌区向荒漠地区排泄。边界为莫索湾灌区北部边缘、玛纳斯河下游河道与 136 团的东北边缘。均衡区地下水侧向排泄量计算结果见表 3.15。

表 3.15　　　　　均衡区地下水侧向排泄量计算结果

边　界	$K/(m/d)$	I	H/m	L/m	T/d	α	$Q/$万 m^3
150 团北部至 148 团西部	5	0.0005	300	60995	365	90	1670
148 团西部至 121 团东北部	15	0.0002	300	60819	365	60	1730
121 团东北部至古尔班通古特沙漠南缘	7	0.0002	300	49764	365	60	661
古尔班通古特沙漠南缘至 136 北部	3	0.001	300	21365	365	90	702

由表 3.15 可知，均衡区均衡期内年地下水侧向排泄量为 4763 万 m^3。

3.3.4　地下水均衡计算

1. 地下水储变量

地下水储变量是指均衡计算区计算时段末地下水贮存量与计算时段初地下贮存量的差值，计算公式为：

$$\Delta W = 100(h_2 - h_1)\mu F/t \tag{3.25}$$

式中：ΔW 为年浅层地下水储变量，万 m^3；h_1 为计算时段初地下水水位，m；h_2 为计算时段末地下水水位，m；μ 为潜水变幅带给水度，无因次；F 为计算面积，km^2；T 为计算时段长度，a。

根据《新疆地下水资源》确定潜水变幅带给水度，取值范围见表 3.16，储变量计算结果见表 3.17。

由表 3.17 可知，均衡区均衡期地下水储变量为 -6669 万 m^3。

表 3.16　　　　　　潜水变幅带给水度（μ）取值范围

岩性	亚黏土	亚砂土	粉细砂	砂砾石
μ	0.02～0.04	0.04～0.06	0.07～0.09	0.18～0.24

表 3.17　　　　　　　　地下水储变量计算表

灌　区	h_2-h_1/m	μ	F/km^2	T/a	ΔW/万 m^3
石河子灌区	-0.47	0.1	1170	1	-5499
下野地灌区	0.13	0.02	2886.6	1	751
莫索湾灌区	-0.26	0.12	1545	1	-4821
金沟河灌区	0.36	0.1	1140.5	1	4105
安集海灌区	-0.63	0.02	957	1	-1206
合　　计					-6669

2. 地下水均衡计算

汇总各均衡项的计算，均衡区地下水均衡计算结果见表 3.18。从均衡计算结果可知，均衡区均衡期内地下水总补给量为 75288 万 m^3，地下水总排泄量为 79547 万 m^3，地下水的储变量为 -6669 万 m^3，补排差为 -4259 万 m^3，绝对均衡误差为 2411 万 m^3，相对均衡误差为 3.20%，满足相关规范对地下水资源均衡计算（$|\delta| < 10\%$）的要求。均衡计算结果与地下水观测结果一致，符合灌区地下水的补排特征，地下水均衡计算结果可靠。均衡计算结果显示均衡区为负均衡，而同期地下水长期观测资料显示，流域大部分灌区地下水均呈不同程度下降的趋势，因此均衡计算的结果与观测数据基本一致，符合灌区地下水的补排特征。

表 3.18   均衡区地下水均衡计算结果

均 衡 项		水量/万 m³
补给量	降水入渗补给量	1407
	河道渗漏补给量	15600
	库塘渗漏补给量	5894
	渠系渗漏补给量	15387
	田间入渗补给量	20668
	地下水侧向补给量	16332
	合计	75288
排泄量	潜水蒸发量	19942
	地下水开采量	43262
	泉水溢出量	11580
	地下水侧向排泄量	4763
	合计	79547
补排差		−4259
储变量		−6669
绝对均衡误差		2411
相对均衡误差/%		3.20

综合分析各均衡项发现，主要补给项为田间入渗补给、地下水侧向补给、河道渗漏补给及渠系渗漏补给分别占总补给量的 27.45%、21.69%、20.72% 及 20.44%。库塘渗漏补给及降水入渗补给占比较小，分别占 7.83% 及 1.87%。这一结果与均衡区的水文地质构造基本相符的。均衡区南边界为山区与平原区的分界线，山前冲洪积扇是地下水补给的主要区域，地下水侧向补给与河道渗漏补给占总补给量的比重较大，另外均衡区以农业灌区为主，灌溉水对地下水的面状补给及干支渠在输水过程的渗漏占比也较大，这一补给过程主要在绿洲平原区。但由于相对整个流域来说，水利工程规模还是较小，因此渗漏补给规模较小。而由于均衡区地处干旱内陆腹地，降雨稀少，且包气带较厚，所以降水入渗补给也很少。

综合分析发现，均衡区主要排泄方式为地下水开采、潜水蒸发排泄及泉水溢出排泄三种方式。分别占总补给量的 54.39%、25.07% 及 14.56%，地下水侧向排泄占比较小，仅占 5.99%。地下水开采是均衡区内地下水的主要排泄方式。主要原因是由于地表水无法满足灌溉需水，随着城市规模的扩大，城镇用水量增加导致地表水供需缺口增大，为了满足水资源需求，地下水开采量也相应增加。据相关统计资料，近年来均衡区内部分灌区的地下水已发生超采。此外，干旱区蒸发强烈，均衡区内洪积扇缘地带部分地区潜水埋深少，导致潜水蒸发量占比也较大。泉水溢出量占排泄总量的比例较小，且随着区内地下水资源的持续开发，泉水溢出量处于持续减少的状态。

第4章 基于氢氧同位素方法的地下水补排过程研究

4.1 环境同位素基本理论与方法

4.1.1 氢氧同位素基本原理

同位素是指原子核内质子数相等而中子数不同的原子。主要分为稳定同位素与放射性同位素。其中常见的稳定同位素主要有 ^1H、^2H 及 ^{18}O 等。由于稳定同位素稳定的物理化学性质及易于追踪的特性，在分析水循环过程中应用广泛。放射性同位素主要包括 ^{14}C、T 及 $^{37}C1$ 等，因其易衰变的特性，常被来判别水体的年龄。

作为构成水分子的基本元素，氢氧同位素在研究水循环过程中具有重要意义。由于其对环境变化的敏感性，在降水、蒸发及径流循环过程都会引起同位素分馏。自然界水体中氢氧稳定同位素分馏过程见图4.1。其稳定同位素的比率也会发生相应变化，根据这一特性，通常是通过与高精度标准同位素比率的数量关系，来分析水体的水分来源及转化过程。在测定中，通常用样品与标准样品的稳定同位素比率的千分差 δ 来表示，其表达式见式（4.1）。

$$\delta = (R_{样品} - R_{标准})/R_{标准} \times 1000‰ \tag{4.1}$$

式中：δ 为即测试样品与标准样品的同位素比值的千分偏差；R 为 $^{18}O/^{16}O$ 和 $^2H/^1H$ 的比值；$R_{样品}$ 为样品同位素的比值；$R_{标准}$ 为标准样品同位素的比值。

自然界的各水体如降水、地表水及地下水等的水分来源具有多样化的特点。因此可以通过分析氢氧同位素的分布特征来识别不同水体的水分来源。同位素分馏作用是造成同位素组成发生变化的主要原因。在蒸发、降水及入渗等水循环过程中都会发生同位素分馏，导致各水体具有独特的同位素特征，故氢氧同位素可以作为水循环过程的示踪剂。随着同位素理论的成熟与测试技术的不断完善，氢氧同位素技术广泛应用于区分径流来源及地下水补给来源等领域（于津生，1987；章新平，2001；FROEHLICH K G R，2004；李嘉竹，2008）。

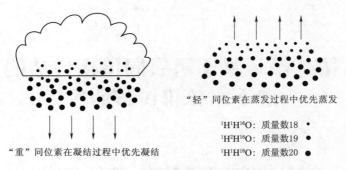

"轻"同位素在蒸发过程中优先蒸发

${}^{1}\text{H}{}^{1}\text{H}{}^{16}\text{O}$：质量数18　●

${}^{1}\text{H}{}^{2}\text{H}{}^{16}\text{O}$：质量数19　●

${}^{1}\text{H}{}^{1}\text{H}{}^{18}\text{O}$：质量数20　●

"重"同位素在凝结过程中优先凝结

图 4.1　自然界水体中氢氧稳定同位素分馏过程

4.1.2　多元混合模型方法

自然界水体往往有若干个水分来源。因此通过分析水体中的组成与可能的水分来源间氢氧稳定同位素的差异，定量分析各水分来源对水体的贡献率。一般可以用线性混合模型来分析（吕玉香等，2010）。

假定有 n 种水分来源，则可建立多元混合模型：

$$\delta^{2}\text{H}=X_{1}\delta^{2}\text{H}_{1}+X_{2}\delta^{2}\text{H}_{2}+\cdots+X_{n}\delta^{2}\text{H}_{n} \tag{4.2}$$

$$\delta^{18}\text{O}=X_{1}\delta^{18}\text{O}_{1}+X_{2}\delta^{18}\text{O}_{2}+\cdots+X_{n}\delta^{18}\text{O}_{n} \tag{4.3}$$

$$X_{1}+X_{2}+\cdots+X_{n}=1 \tag{4.4}$$

式中，$\delta^{2}\text{H}_{1}$、$\delta^{2}\text{H}_{2}$、$\delta^{2}\text{H}_{n}$ 和 $\delta^{18}\text{O}_{1}$、$\delta^{18}\text{O}_{2}$、$\delta^{18}\text{O}_{n}$ 为来源水分中的同位素值；X_{1}、X_{2}、$\cdots$、X_{n} 为不同水分来源对水体单元的相对贡献率。

在分析过程中根据稳定同位素的质量守恒这一基本原理，对模型进行了补充完善，并开发了配套集成软件 IsoSource。本研究在分析地下水组成过程采用 IsoSource。该软件方便灵活，可以将每一种水分来源的可能贡献率缩小到一个合理的范围内，减少了较多解的出现，特别适用于流域水循环过程复杂的情形（PHILLIPS D L.，2003；J Renée Brooks，2012）。

4.2　水样采集与测试

4.2.1　水样采集方案

（1）河水样品采集。

河水以玛纳斯河沿程取样为主。玛纳斯河干流沿流向共布置 7 处河水采样点，分别位于河道上游、中游及下游典型断面。其中上游采样点位于出山口径流汇集区，中游采样点位于冲洪积扇平原区，下游河水样点位于绿洲荒漠过渡带。河水采样区基本覆盖了径流汇集区、径流运转区及径流耗散区。

取样断面布置为肯斯瓦特断面、十户窑与红山嘴（上游）各 1 个采样点；石河子地下水断面（中游）、东岸大渠沿程布置 5 个采样点；夹河子水库坝后地下水断面（中游）蘑菇湖水库、大泉沟水库、跃进水库、安集海水库及卡子湾水库各布置 1 各取样点；小拐断面（下游）147 团、121 团及 136 团布置 3 个采样点。其中肯斯瓦特坝前断面、夹河子水库入库闸前断面为河水取水断面，肯斯瓦特坝前断面为主要地表水取样断面，均为单一断面形式，而石河子断面与夹河子断面用以衡量地表水样品测试的误差率。地表水取水断面取样点布置在距左岸或右岸相对河宽 0.3，距坝前 50m，相对水深 0.1 处、0.3 处及 0.6 处。

各断面的同步取样于 2015—2017 年间连续 3 个完整水文年，其中库区内每年 5 月（汛前）、6 月（前汛）、7 月（主汛）、8 月（后汛），各月上旬、中旬、下旬各测 1 次。同位素同步监测共采集 328 个水样。其中：肯斯瓦特坝前地表水 2 个断面，共采集 72 个水样；肯斯瓦特坝后地下水大坝以下 3 个断面（肯斯瓦特坝后断面到夹河子水库坝后断面），共采集 256 个水样。

取样要求：

a. 取样流速：$<40mL/min$。

b. 取样压力：$40\sim133kPa$。

c. 取样湿度：$<99\%$ R.H，无冷凝 40℃，无须干燥。

d. $\delta^{18}O$ 取样进度：确保精度 $<0.1‰$；24h 峰—峰最大漂移 $<\pm0.6‰$。

e. δD 取样进度：确保精度 $<0.5‰$；24h 峰—峰最大漂移 $<\pm1.8‰$。

f. 同步测量 $\delta^{18}O$ 和 δD，同时输出 CH_4 浓度。

g. 液态水的典型精度 $\delta^{18}O<0.005‰$；$\delta D<0.038‰$。

h. 对水汽测量 10 秒每麦格（0.001‰）艾伦方差。

i. 每天一次校准可保证优于 5‰级别的精度。

为了更加精确地识别地下水补给排泄的驱动因素，同时对水库水、降水、土壤水及地下水进行取水分析测试，将结果作为参考、校验。

（2）水库水样品采集。

取样水库包括肯斯瓦特水库、跃进水库、夹河子水库、蘑菇湖水库、大泉沟水库、莫索湾水库、红沟水库、卡子湾水库、安集海水库及安集海二库。取样水库为离岸 100m、200m。汛前、汛期、汛后各取一次，共取水样 3 份，再用原水冲洗样品瓶 3 次后，迅速装满水样并密封，至 0～4℃恒温箱中保存。

（3）地下水样品采集。

地下水的采集点主要利用流域现有地下水长观井及生产井。井点选择原则为沿玛纳斯河主干流近似垂直网状布置，均匀分布于上、中、下游。取样时间间隔与河水、水库水保持同步，连续 3 个完整水文年，5—8 月的每月上旬、中旬、下旬各测 1 次，取其均值。

（4）土壤水样品采集。

地下水的采集点布设原则与地下水一致。即沿玛纳斯河主干流上、中、下游垂直网状布置均匀分布。考虑到样品采集的代表性与工作量，土样水样品采集主要集中在玛纳斯河上游区的十户窑村、中游区石河子市与平原水库夹河子水库、下游区的莫索湾灌区 150 团及下野地灌区的 136 团，位置尽可能接近地下水采集点。采集深度为 10cm、20cm、30cm、40cm、60cm、80cm 及 100cm。采集土样 24 组，每组 14 个样品，共计 336 个土壤样品。当发生雨量较大的次降雨事件时，分别会在雨前、雨后取样，再将土壤样密封保存带回实验室，用蒸发冷却的方法取得土壤水。操作过程中，需要尽量保持温度低于 100℃缓慢加热，以减少样品同位素的分馏。

（5）泉水水样采集。

泉水水样采集主要是为了分析地下水自然排泄过程。其主要根据流域现状泉水溢出带进行取样，泉水水样采集点集中分布于十户窑村、大泉沟与蘑菇胡水库上游溢出带三个地区，取样规则与河水保持一致。遇有大降雨时（泉水流速发生明显变化），会在雨前、雨中、雨后进行加测。

（6）降雨样品取样。

由于降水方程的建立需要长序列降水同位素数据，而玛纳斯河流域无长序列同位素观测站点。考虑到乌鲁木齐降水同位素观测站（$86°45'\sim87°56'E$，$43°00'\sim44°07'N$，海拔 918m）是与玛纳斯河流域地理位置最近且具有长观资料的同位素观测站，两地降水同位素差异也较小。因此，本研究中当地降水线方程（LMWL）采用的是 1986—2017 年乌鲁木齐降水同位素观测站的数据。数据来源为全球降水同位素监测网（GNIP）。

所有水样的采集与保存均遵守同位素测定相关标准，具体操作参考《全国地下水资源及其环境问题调查评价》。

4.2.2　样品的测试

水样稳定同位素的测定在新疆生产建设兵团绿洲节水灌溉重点实验室进行，采用的是液体稳定同位素比质谱仪 MAT - 252，将铬在 900℃的高温下还原，再使用质谱仪的双路测试方法测定水样内的 $\delta^{18}O$ 和 δD 值。水样中稳定同位素比率 $^{18}O/^{16}O$、$^2H/^1H$ 的大小用相对于标准平均海水（SMOW）的千分差来表示，所有河水、降水、土壤水水样 δD、$\delta^{18}O$ 的测定都是在中国科学院北京植物所生态中心稳定同位素实验室 DeltaplusXP 和 TC/EA2 气体质谱仪上进行。样品中 δD 的测试精度<0.5‰，$\delta^{18}O$ 的测试精度<0.5‰。由于稳

定同位素在自然界中含量极低，用绝对量表示同位素的差异比较困难，因此，水样同位素测试按照国际上规定使用相对量即待测样品的同位素比值与标准物质的同位素比值 Rs 作比较，比较结果称为样品的 δD 值。通过分析 δD 值变化来分析降水、河水、水库水、土壤水、泉水及地下水的转化关系。水同位素采集点见图 4.2。

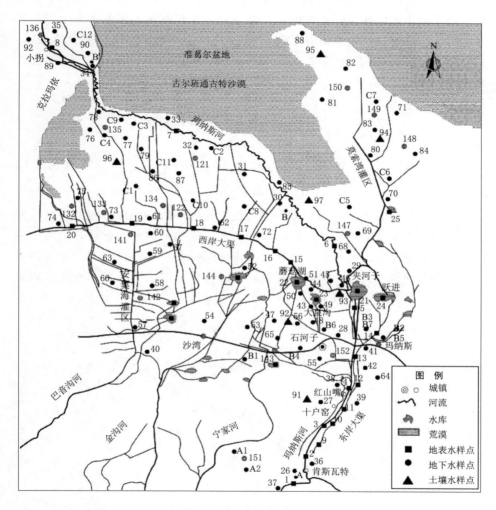

图 4.2 研究区水同位素采集点空间分布示意图

样品中氢氧的同位素值是由 DLT—100 液态水同位素仪对照 VSMOW 标准而测定的。仪器对 δD 和 $\delta^{18}O$ 的测量精度分别为 $\pm 0.32‰$ 和 $\pm 0.17‰$。

4.3　水体稳定同位素时空分布特征分析

4.3.1　大气降水线方程建立

为了对全球降水中氢氧同位素特征分析，世界气象组织与国际原子能机构建立了全球降水同位素监测网（GNIP）。根据降水水样采集方案，本研究中的降水同位素数据来源于乌鲁木齐降水同位素观测站［数据来源于国际原子能机构（IAEA）］代表研究区降水同位素特征。根据该站数据分析显示：降水中 $\delta^{18}O$ 的范围为 $-27.97‰\sim+2.45‰$，均值为 $-11.78‰$；δD 的变化范围是 $-210.87‰\sim+79.48‰$，均值为 $-102.42‰$。全球大气降水中 $\delta^{18}O$ 的范围为 $-50‰\sim+10‰$，δD 的范围为 $-350‰\sim+50‰$，其大气降水线方程见式（4.5）。根据乌鲁木齐降水同位素观测站数据建立当地降水线方程见式（4.6）。

$$\delta^2 H = 8\delta^{18}O + 10 \tag{4.5}$$

$$\delta^2 H = 7.24\delta^{18}O + 4.48 \tag{4.6}$$

研究所建立的关于乌鲁木齐降水同位素观测站的降水线方程的斜率与截距均明显小于全球降水线，显示流域降水经过了明显的分馏过程，呈典型的干旱内陆河流域降水的同位素特征，也说明选择乌鲁木齐降水同位素观测站代表玛纳斯河流域具有一定的合理性。全球大气降水线与乌鲁木齐降水同位素观测站大气降水线见图 4.3。

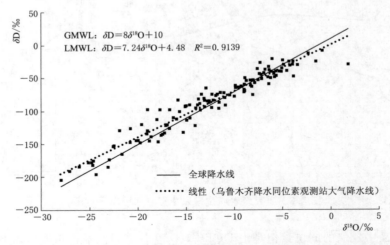

图 4.3　全球大气降水线与乌鲁木齐降水同位素观测站大气降水线示意图

4.3.2　河水氢氧稳定同位素时空分布特征分析

本研究采集的河水主要来自玛纳斯河干流肯斯瓦特站以下的河段。同时对临近的巴音沟河与金沟河进行取样，以此作为参考验证。河水是该流域内最主要的地表水体，是同位素取样的重点。河水取样周期为 2014—2016 年，取样时间为 5 月、6 月、7 月及 8 月，河水同位素共采集 176 个水样。为了验证水样采集的可靠性，同步测试水样的 $d-excess$（氘盈余）与 TDS（总融解固体）。水样测试结果基本信息见表 4.1。

表 4.1　　　　　　　　　　河水稳定同位素样品基本信息

样点编号	样点位置	高程/m	δD/‰	$\delta^{18}O$/‰	$d-excess$/‰	TDS/(mg/L)	备注
1	肯斯瓦特	845.00	−71.33	−10.18	13.02	318.97	玛纳斯河上游
2	红山嘴	604.00	−74.73	−10.01	13.46	262.36	玛纳斯河上游
3	夹河子	408.00	−70.11	−9.93	9.97	516.80	玛纳斯河中游
4	147 团 14 连	402.00	−68.42	−10.01	10.27	762.80	玛纳斯河中游
5	柳毛湾镇	391.00	−64.03	−9.67	7.93	1960.70	玛纳斯河中游
6	121 团河滩村	345.00	−36.37	−8.70	6.84	3463.25	玛纳斯河下游
7	136 团	291.00	−49.89	−3.60	12.05	2326.65	玛纳斯河下游
8	巴音沟河渠首	594.00	−69.98	−11.89	14.21	210.62	巴音沟河上游
9	巴音沟排洪闸	462.00	−62.51	−6.87	11.29	1245.6	巴音沟河中游
10	金沟河渠首	563.00	−70.25	−10.54	13.29	194.53	金沟河上游
11	金沟河 11 号闸	446.00	−61.54	−8.24	9.27	1524.89	金沟河中游

整体上看，河流出山口以后，无论是玛纳斯河、金沟河还是巴音沟河，沿程河水样品中 $\delta^{18}O$ 与 δD 从上游、中游至下游均呈现出富集趋势。整体趋势符合干旱区同位素分馏特性。

由氘盈余 $d-excess$ 的分布情况看，河水样品值明显小于 GWM（地球水体氘盈余平均水平）的均值。说明三条河的上下游测试结果显示为干旱内陆气候特征，三条河沿程的氘盈余呈下降趋势，证明河道径流过程中受蒸发作用明显。三条河流中河水样中的 TDS 沿流程逐渐增大，最大值位于河流下游的 121 团河段，其值约 3463.25mg/L，玛纳斯河河水样本中样本样点 TDS 最小值位于红山嘴河段，为 298.68mg/L，而作为参考样本的十户窑村泉水样品的 TDS 为整个研究期间所有水样中 TDS 的最小值，这一现象表明，红山嘴河段河水受到了十户窑村泉水溢出的补给，这一趋势在河水样本 $\delta^{18}O$ 的变化趋势中也有一致反映，见图 4.4。

测试结果显示：河水水样 $\delta^{18}O$ 的取值范围为 −13.21‰～−3.18‰，其

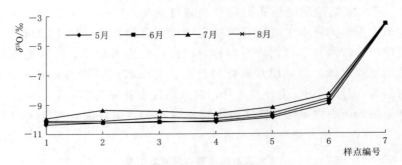

图 4.4　玛纳斯河河水中 $\delta^{18}O$ 均值沿流向变化特征

均值约 $-8.17‰$；δD 的取值范围为 $-75.84‰\sim-39.71‰$，其均值约 $-64.14‰$。根据测试结果，建立地表水的同位素方程（SWL1）见式（4.7）。

$$\delta^2 H=4.25\delta^{18}O-19.57 \tag{4.7}$$

4.3.3　渠水氢氧稳定同位素时空分布特征分析

采集的渠水主要为干渠、支干渠及支渠。采集的渠道主要有东岸大渠（各级电站引水渠首）、西岸大渠（西干渠、四道河子干渠、一支干、二支干及三支干）、莫索湾总干渠（一支干、二支干及三支干）、金沟河干渠及安集海总干渠。沿渠首、各分汇水点进行取样。取样时间范围 2014—2017 年的灌溉期，共采集渠水样 192 组，测试结果（图 4.5）表明：渠水的 δD 和 $\delta^{18}O$ 的变化范围分别为 $-80.21‰\sim-59.47‰$ 和 $-10.95‰\sim-8.26‰$，其均值约为 $-66.41‰$ 与 $-8.98‰$。根据渠水样品同位素测试结果可知，拟合出研究区的土壤水线性方程 SWL1 为：

$$\delta^2 H=5.89\delta^{18}O-11.504 \tag{4.8}$$

从图 4.5 中可以看出，各渠水样品中，δD 与 $\delta^{18}O$ 的年际变化不大，但是年内变化较大，显示出明显的季节性变化规律。测试期间，5 月，δD 与 $\delta^{18}O$ 的均值分别为 $-72.19‰$ 与 $-8.86‰$；6 月 δD 变化范围为 $-74.54‰$，$\delta^{18}O$ 变化范围为 $-8.89‰$；7 月 δD 变化范围为 $-68.37‰$，$\delta^{18}O$ 变化范围为 $-8.29‰$，8 月 δD 与 $\delta^{18}O$ 的均值分别为 $-70.52‰$ 与 $-8.75‰$。经分析可知，各月同位素值的基本规律为 5 月 δD＞6 月 δD＞8 月 δD＞7 月 δD，且各渠水样品表现出一致性。经分析，由于流域内各灌区的灌溉用水高峰出现在 7 月，但由于地表水水量不足以满足，且 7 月为地下水开采补充灌溉用水量的最大月份，开采的地下水主要为较贫化的深层地下水，所以致使 7 月渠水样品同位素较低。

由图 4.5 还可以看出，2014—2016 年的渠水同位素，绝大多数样点位于当地大气降水线的下方，主要为水库泄水渠，少数样品位于当地大气降水线

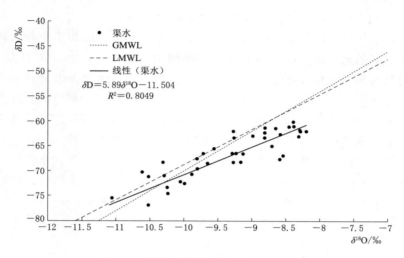

图 4.5　研究区渠水 $\delta^{18}O$ 与 δD 的关系

上方，主要为河道引水渠，如东岸大渠，金沟河干渠等。干渠与河水的关系更为密切，而水库泄水渠因在水库调蓄过程中经历了蒸发分馏，导致同位素出现富集现象，而部分泄水渠中的样本出现同位素贫化现象，分析可能是因为灌区地下水开采补充灌溉所致。

主要干渠渠水样品中 $\delta^{18}O$ 的空间变化规律与河道径流样品的趋势一致，即沿程逐渐富集。其中个别样品中，$\delta^{18}O$ 值呈现贫化现象，而这些样点均处地下水生产井的下游，其样品受到了地下水开采混合的影响。

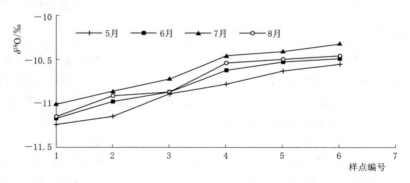

图 4.6　渠系水样中 $\delta^{18}O$ 时空变化特征

由图 4.6 可知，渠系水样中 $\delta^{18}O$ 在时间变化上的规律性也较为明显，其中上游干渠随时间呈持续上升趋势，是由于渠水在输水过程受蒸发作用影响；而水库下游输水渠水的 $\delta^{18}O$ 在 5—7 月出现明显波动，综合分析地下水开采过程，可以认为干渠水在灌溉期间不同程度地受到了地下水补充灌溉的影响。

4.3.4　水库水氢氧稳定同位素时空分布特征分析

水库水样品采集主要以玛纳斯河水系水库群为主,同步采集金沟河及巴音沟河水系的水库水样品作为参考。采集周期为 2014—2016 年,连续 3 年,采样时间与河水水样采集时间保持一致,为 5 月、6 月、7 月及 8 月。共采集肯斯瓦特水库(以下简称 K)、夹河子水库(以下简称 J)、蘑菇湖水库(以下简称 M1)、跃进水库(以下简称 Y)、大泉沟水库(以下简称 D)、新户坪水库(以下简称 X1)、柳树沟水库(以下简称 L)、白土坑水库(以下简称 B)、安集海水库(以下简称 A)、安集海二库(以下简称 A2)、洪沟水库(以下简称 H)、献礼水库(以下简称 X2)、卡子湾水库(以下简称 Q)、莫索湾水库(以下简称 M2),样品总数为 192 组,测试结果见图 4.7。

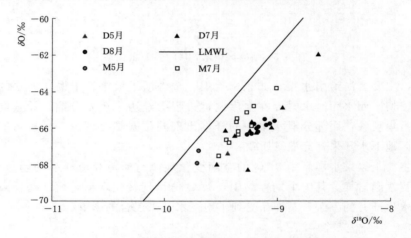

图 4.7　研究区水库水 $\delta^{18}O$ 与 δD 的关系

由图 4.7 可以看出,整个测试期间,收集的水库水中 δD 值介于 $-57.26‰\sim-113.33‰$ 之间,其均值为 $-76.54‰$;$\delta^{18}O$ 介于 $-4.72‰\sim-16.21‰$ 之间,其均值为 $-8.47‰$。根据测试的水库水样品同位素值,回归拟合出研究区的土壤水线性方程 SWL1 为:

$$\delta^2 H=0.56\delta^{18}O+6.51;n=192;R^2=0.91 \tag{4.9}$$

从式(4.9)可知,土壤水线性方程 SWL2 的斜率(0.56)和截距(6.51)明显小于地表水的斜率和截距(4.34、-25.61)以及地下水的斜率和截距(7.52、-7.41),说明当地土壤水受蒸发影响强烈,造成土壤水中氢氧同位素富集。

各水库的测试结果差异较大,主要体现为肯斯瓦特水库水样品都相对靠近大气降水线,尤其在 7 月、8 月的点据中这一现象表现尤其明显,其次为夹河子水库、红沟水库及安集海水库,相对于其他注入式水库,这三个水库水

样的 δ^{18}O—δD 点据距当地大气降水线也明显较近。主要是因为肯斯瓦特水库、夹河子水库、红沟水库及安集海水库为拦河水库，其主要水源来自河水，且停留时间相对较短，受蒸发影响较小，因此重同位素富集现象不明显。而其他水库是引水注入式水库，水样滞留时间较长，导致重同位素富集，这一现象在河道下游的小型水库，如莫索湾水库中表现较为明显。由于水库群调度规则的限制，滞留时间最长，同位素分馏作用最显著，其点据偏离当地降水线也最远。

从时间上来看，除 2016 年个别水库点据偏离整体趋势较远外，其余点据的同位素均位于当地大气降水线附近，平原水库群（大泉沟水库、蘑菇湖水库及跃进水库）的各月 δ^{18}O—δD 关系线斜率均明显小于当地降水线斜率，反映了干旱区水库蓄水受到了蒸发的影响，导致重同位素富集。对比各月各个水库水水样的 δD 的均值进行统计分析发现：5 月<6 月<8 月<7 月，主要原因可能是由于 5 月水库水中存蓄了较多的冰雪融水，该部分水中同位素值较贫化，同时前期的泉水溢出进入河水后补给水库，造成了 5 月水库氢氧同位素值是整体统计时间段内的最低值，这一现象在玛纳斯河流域内表现尤为突出。分析得知，主要是因为玛纳斯河上游存在山区水库调蓄，整体调节性能较金沟河与巴音沟河更强，前期存蓄的融冰融雪水更多，且上游的泉水溢出量更大。6 月的指标较 5 月有所增加是因为经过 5 月的水库供水，水库中原存蓄的融冰融雪水的比例下降，且 6 月蒸发强度较 5 月更大，水源由融冰融雪水逐渐转化成融冰融雪水与降水混合补给河水。这一转变现象使 7 月指标到达峰值，导致重同位素富集。8 月的 δD 较 7 月的 δD 减小，可能是由于 8 月水库存蓄的水量较 7 月更多，且 8 月中的水库水在水库滞留时间较 7 月会更短，相比之下蒸发作用的影响也较小。2016 年水库水 δ^{18}O 与 δD 的关系见图 4.8。

4.3.5 土壤氢氧稳定同位素时空分布特征分析

本书中，土壤水样品采集点主要是探究土壤水与地下水的转化关系，因此土壤水采样点的布局尽量与地下水采样点相匹配。采集周期同样为 2014—2016 年，连续 3 年，采样时间与地表水、地下水样品采集时间一致，为 5 月、6 月、7 月及 8 月。共采集土壤水样品 264 组。

测试结果显示，上游山前丘陵区的十户窑土壤水样品的 δD 值变化范围为 −64.25‰～−74.61‰，均值为 −68.55‰，δ^{18}O 值的变化范围为 −5.26‰～ −7.84‰，其均值为 −6.34‰；中游冲积平原区的石河子市区土壤水样品 δD 值变化范围为 −59.12‰～−74.82‰，其均值为 −69.45‰，δ^{18}O 值的变化范围为 −5.11‰～−6.34‰，其均值为 −5.68‰；下游的冲积扇平原的莫索湾灌区，土壤水样品中 δD 值的变化范围为 −62.67‰～−71.61‰，其均值为 −67.23‰，δ^{18}O 值的变化范围为 −4.24‰～−6.85‰，均值为 −5.81‰。从

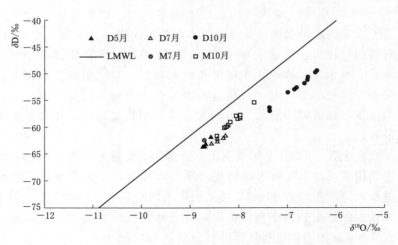

图 4.8 2016 年水库水 $\delta^{18}O$ 与 δD 的关系

流域整体角度来看，流域土壤水中的氢氧稳定同位素明显呈沿程富集的趋势，见表 4.2。

表 4.2　　土壤水样品稳定同位素时空分布特征统计

月份	采样点	$\delta^{18}O/‰$				$\delta D/‰$			
		最大值	最小值	平均值	标准差	最大值	最小值	平均值	标准差
5	上游	−4.95	−7.35	−6.28	0.96	−68.33	−73.89	−71.18	1.95
	中游	−9.51	−15.36	−10.89	1.14	−80.22	−107.33	−85.33	4.37
	中游	−5.52	−6.46	−6.01	0.49	−63.66	−73.67	−68.85	4.18
	下游	−5.36	−6.57	−5.92	0.47	−65.21	−70.57	−67.09	2.62
6	上游	−5.03	−7.15	−6.05	1.25	−67.47	−72.44	−72.55	1.87
	中游	−9.42	−15.14	−10.83	2.13	−79.24	−105.56	−86.73	3.03
	中游	−5.42	−6.41	−5.88	0.88	−62.98	−72.99	−69.41	3.63
	下游	−5.19	−6.43	−5.74	1.14	−64.85	−71.12	−68.22	2.55
7	上游	−5.11	−6.56	−5.76	0.65	−64.91	−71.68	−68.72	2.16
	中游	−8.65	−10.35	−9.86	1.42	−66.36	−83.99	−79.70	3.63
	中游	−5.26	−6.39	−5.88	0.77	−59.26	−73.66	−66.79	3.91
	下游	−4.82	−6.01	−5.38	0.68	−63.31	−70.36	−66.33	1.59
8	上游	−5.05	−7.22	−6.21	1.54	−67.11	−71.49	−73.94	1.22
	中游	−9.31	−15.01	−10.77	1.47	−77.42	−108.61	−85.83	3.43
	中游	−5.11	−6.33	−5.99	0.48	−64.24	−71.99	−69.43	3.23
	下游	−4.94	−6.41	−5.83	1.98	−65.81	−71.84	−68.11	2.99

　　另外通过分析发现，土壤水样品同位素的空间分布规律性较为明显，整体上表现为下游灌区土壤水样品中 δD 与 $\delta^{18}O$ 组成明显富集于上游地区土壤水样品的相应值。具体测试结果表现出：中上游灌区上游泉水溢出带十户窑＜水库周边区下游灌区。其原因可能是因为上游地区气温相对较低，降水量较大，因此湿度也相应地比中下游地区大，蒸发分馏作用表现不明显，水库周边土壤水由于受到水库水的渗漏补给，含水率较高，但由于水库水在调蓄过程中自身发生了分馏现象，导致其样品中 $\delta^{18}O$ 与 δD 较为富集，分别为 $-6.01‰$ 和 $-68.85‰$。

表 4.3　　　　　　　　　　土壤水样品稳定同位素组成特征

土壤深度 /cm	样品 数量	含水率 /%	$\delta^{18}O/‰$				$\delta^2H/‰$			
			最大值	最小值	平均值	标准差	最大值	最小值	平均值	标准差
0～10	24	13.05	-4.82	-15.36	-6.99	3.36	-59.26	-107.33	-70.98	14.26
10～20	24	12.76	-5.08	-9.53	-6.36	1.83	-63.57	-81.87	-68.27	7.32
20～30	24	13.58	-4.96	-9.70	-6.44	1.90	-61.24	-81.24	-69.13	7.07
30～40	24	14.11	-5.22	-10.35	-7.06	1.90	-65.37	-82.16	-71.93	5.92
40～60	24	14.07	-5.63	-10.51	-7.25	1.85	-67.57	-83.17	-73.57	5.35
60～80	24	14.14	-5.68	-10.48	-7.39	1.75	-68.20	-82.34	-73.33	5.16
80～100	24	14.56	-6.01	-10.53	-7.52	1.70	-70.36	-84.00	-74.98	5.30

　　由表 4.3 可知，流域各土壤各土层水样品中 $\delta^{18}O$ 与 δD 组成表现出明显的时间规律性变化。相对于 5 月、6 月土层土壤水样品中 $\delta^{18}O$ 与 δD 的组成，在 7 月、8 月土壤表层的 $\delta^{18}O$ 和 δD 均表现为更富集，富集现象在 0～10cm 土层中尤其明显。初步分析其原因可能为蒸发作用导致的土壤水同位素分馏效应增强，这一现象随着深度的增加逐渐减弱，土稳定同位素组成也相应逐渐稳定。本次研究收集的土壤水中 δD 值介于 $-59.26‰$ ～ $-107.33‰$ 之间，其均值为 $-71.74‰$；$\delta^{18}O$ 介于 $-4.82‰$ ～ $-15.36‰$ 之间，其均值为 $-7.00‰$。根据测试的土壤水样品同位素值，回归拟合出研究区的土壤水线性方程 SWL2 为：

$$\delta^2H = 0.25\delta^{18}O + 10.69; n = 168; R^2 = 0.86 \qquad (4.10)$$

　　从式（4.10）可知，土壤水线性方程 SWL2 的斜率（0.25）和截距（10.69）明显小于地表水的斜率和截距（4.34、-25.61）以及地下水的斜率和截距（7.52、-7.41），说明当地土壤水受蒸发影响强烈，造成土壤水中氢氧同位素富集。

4.3.6　泉水氢氧稳定同位素时空分布特征分析

　　由于泉水溢出带在研究流域里属零星分布，且溢出量较小，因此本次研究收集的泉水样品主要作为地下水自然排泄指标进行分析。泉水采集点主要为十户窑溢出带、大泉沟溢出带、蘑菇湖溢出带，共采集泉水样品 48 组。经测试泉水样品中 δD 值介于 $-64.76‰ \sim -97.23‰$ 之间，其均值为 $-75.94‰$；$\delta^{18}O$ 介于 $-5.63‰ \sim -13.75‰$ 之间，其均值为 $-8.91‰$；根据收集到 48 个泉水样，回归拟合出研究区的泉水线性方程 SWL3 为：

$$\delta D = 0.36\delta^{18}O + 8.24；n = 48；R^2 = 0.81 \tag{4.11}$$

从式（4.11）可知，泉水线性方程 SWL2 的斜率（0.25）和截距（10.69）明显小于地表水的斜率和截距（4.34、-25.61），说明泉水补给并未来自地表水，结合研究区地质构造，推测其补给来自同位素较贫化的山前侧向补给的深层地下水，因而导致泉水中氢氧同位素也相应较为贫化。

4.3.7   地下水氢氧稳定同位素时空分布特征分析

采集地下水样品是为了分析地下水的补排途径，重点采集区为玛纳斯河流域绿洲平原区，该区域为地下水补排规律研究的重点区域。结合地下水生产井的分布状况，地下水采样点主要为灌溉井与城镇供水井。采集周期为 2014—2016 年，连续 3 年，采样时间与河水、水库水保持一致，为 5 月、6 月、7 月及 8 月。共采集地下水样品 264 组。根据地下水采样井资料，本次采集水样的类型包括浅层地下水与深层地下水。

综合分析流域地下水样品发现，地下水样品 δD 的取值范围为 $-88.94‰ \sim -61.52‰$，均值为 $-74.62‰$；而 $\delta^{18}O$ 的取值范围为 $-14.42‰ \sim -8.58‰$，平均值为 $-11.46‰$。地下水样品中，$d - excess$ 值沿河道流向显示出逐渐富集的趋势，与之相反的是 $\delta^{18}O$ 值则沿河道流向逐渐贫化。上述同位素特征与河水特征相关性不强，显示流域地下水与河水是相互独立的，这一特征沿河道流向愈加明显。同时发现地下水样品中 $\delta^{18}O$ 的季节性变化比较明显，同位素低值点为 7 月，同位素偏高值出现在春季 3 月，这一特征与地表水表现出不同步性。这一现象基本符合地下水流动过程中时间延迟效应的基本规律。因此，地下水中稳定同位素时空分布分特与地表水存在明显差异。基本可以认定河道径流不是下游的地下水的来源。结合第 3 章地下水均衡分析的结果，初步推测流域中下游平原区的地下水主要来源于山区地下水侧向补给。地下水样品中稳定同位素沿河道流向分布特征见表 4.4。5—8 月地下水 $\delta^{18}O$ 分布情况见图 4.9。

为了验证地下水的补给路径，研究进一步分析了流域地下水中的 TDS 值。由表 4.4 可知，流域地下水样品中 TDS 值空间分异显著。上游地下水样品中 TDS 值的变化范围为 $512.42 \sim 667.85$ mg/L，其均值约 590.14 mg/L；中游地下水样品中 TDS 值的变化范围为 $305.48 \sim 1140.21$ mg/L，其均值约

表 4.4　　　　　　　地下水样品中稳定同位素沿河道流向分布特征

样点位置	井深/m	地下水位埋深/m	高程/m	δD/‰	$\delta^{18}O$/‰	$d-excess$/‰	TDS/(mg/L)	备　注
红沟	180	120	1002.00	−67.42	−11.24	10.96	512.42	上游地下水样
十户窑	150	20	728.00	−61.84	−9.47	9.94	667.85	上游地下水样
石河子	200	30	482.00	−72.69	−11.06	12.96	1140.21	中游地下水样
夹河子水库	260	20	391.00	−69.42	−10.46	13.26	305.48	中游地下水样
王家庄	200	40	362.00	−75.66	−10.29	13.42	691.27	下游地下水样
黄沙梁	230	80	350.00	−79.21	−12.03	12.41	367.80	下游地下水样
121团1连	300	40	348.00	−80.14	−12.24	12.81	675.67	下游地下水样
121团7连	300	90	326.00	−82.53	−11.57	13.61	521.32	下游地下水样
136团5连	200	35	300.00	−76.53	−10.24	12.18	487.18	下游地下水样
136团3连	200	40	290.00	−76.24	−10.85	12.51	509.47	下游地下水样

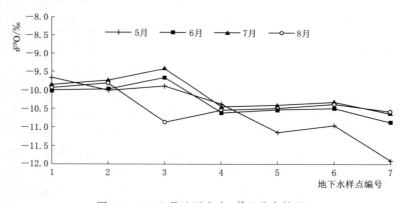

图 4.9　5—8 月地下水中 $\delta^{18}O$ 分布情况

772.85mg/L；而下游变化范围为 367.80 ～ 691.27mg/L，其均值为 542.11mg/L。综上可以看出整体趋势为流域中游地下水样品的 TDS 值要高于上游与下游，而上游地区 TDS 值又高于下游。除此之外，TDS 值与地下水埋深的响应关系也比较直接，总的来说，浅层地下水样品的 TDS 值普遍较大。这一空间变化特征与 $\delta^{18}O$ 的分布特征基本一致，因研究区流域处于干旱区，尤其是对于浅层地下水来说，蒸发作用对水循环过程的影响十分显著，水分蒸发导致地下水溶液被逐渐浓缩，因此水样中 TDS 值较高。另外经过综合分析发现，上游、中游地下水水样 TDS 值与相应区域的河水样本较为接近，而下游则差距显著，进一步证明了上、中游地区地下水来源于河水或者渠水、水库水等地表水，而下游地下水的补给来源为山前侧向补给的可能性较大。

另外通过分析不同地形区地下水同位素分布特征发现，流域地下水同位素的空间分布特征与地形的关联性比较紧密。山前丘陵地带地下水水样的 $\delta^{18}O$ 值的变化范围为 $-11.43‰\sim-9.31‰$，δD 值的变化范围为 $-75.95‰\sim-62.16‰$；冲积扇地下水中水样的 $\delta^{18}O$ 值的变化范围为 $-11.84‰\sim-9.54‰$，δD 值的变化范围为 $-83.02‰\sim-61.34‰$；冲积扇平原区地下水水样的 $\delta^{18}O$ 值的变化范围为 $-12.77‰\sim-10.01‰$，δD 值的变化范围为 $-89.13‰\sim-66.87‰$。经分析可发现，流域地下水同位素组成沿山前丘陵区-冲积扇区-冲积平原区呈逐渐贫化的趋势，见表 4.5。

表 4.5　　　　　　　　不同地貌形态下地下水中 $\delta^{18}O$ 和 δD 的组成

地貌形态	$\delta^{18}O/‰$		$\delta D/‰$	
	变化范围	平均值	变化范围	平均值
山前丘陵区（上游）	$-11.09\sim-9.31$	-10.25	$-75.95\sim-62.16$	-68.83
冲积扇区（中游）	$-11.72\sim-9.03$	-10.63	$-82.57\sim-62.67$	-72.94
冲积平原区（下游）	$-12.58\sim-9.77$	-11.54	$-88.23\sim-66.87$	-77.51

由于玛纳斯河流域位于干旱地区，蒸发作用强烈，不仅地表水中同位素组成易于富集，而且浅层地下水也会富集稳定同位素 δD 和 $\delta^{18}O$，因此，农田灌溉、地下水开采及水库渠系渗漏等一系列人为活动都会引起局部区域地下水位发生变化，从而改变潜水蒸发作用的强弱，使浅层地下水中 δD 和 $\delta^{18}O$ 组成发生不同程度的变化趋势。比如流域中游地下水埋深相对较浅，易受农田灌溉和水库渗漏的影响，且还会受到潜水蒸发作用影响，如十户窑地下水中 δD 和 $\delta^{18}O$ 同位素组成均值分别为 $-62.16‰$ 和 $-9.31‰$，夹河子水库地下水中 δD 和 $\delta^{18}O$ 的均值分别为 $-68.75‰$ 和 $-10.19‰$，相对于其他地下水样点，δD 和 $\delta^{18}O$ 组成相对富集。另外流域下游部分农业灌溉井井深达 300m，地下水埋深可达 90m，很难受到潜水蒸发作用的影响，因此，其地下水中 δD 和 $\delta^{18}O$ 组成十分贫化，均值分别为 $-83.71‰$ 和 $-12.17‰$。

地下水样品测试结果显示，$\delta^{18}O$ 的取范围介于 $-14.64‰\sim-10.12‰$ 之间，其均值约 $-12.56‰$；δD 值范围为 $-91.43‰\sim-60.87‰$，其均值为 $-78.02‰$，建立地下水同位素线性方程见式（4.9）：

$$\delta^2 D = 7.52\delta^{18}O + 7.41; n = 61; R^2 = 0.93 \tag{4.12}$$

对比河水同位素方程式（4.7）与地下水同位素方程式（4.12），可以发现流域地下水的斜率与截距都大于河水、渠水与当地降水线性的相应值，且地下水整体受潜水蒸发和雨水入渗补给作用较弱，可推断出相对于降水，地下水与地表水的关系可能更为紧密。

4.4　地下水补排过程分析

4.4.1　地下水年龄分析

为了进一步确定流域地下水的补给来源，本书通过氚（T）同位素技术对流域地下水年龄进行了分析。由于流域无完整的降水氚值观测序列，因此降水序列仍使用乌鲁木齐站的降水数据。本次研究使用比较通用的插值法对当地降水的氚值进行恢复计算（田华，2010）。降水数据来自国际原子能机构。根据目前降水氚（T）较完整的香港与俄罗斯伊尔库茨克的降水 T 值（1969—1983 年），分别由式（4.13）、式（4.14）进行插值计算当地降水氚值。

对数插值公式为：

$$\lg C_{乌} = \lg C_{香} + \frac{\lg C_{伊} - \lg C_{香}}{X_{伊} - X_{香}}(X_{乌} - X_{香}) \qquad (4.13)$$

直线插值公式为：

$$C_{乌} = C_{香} + \frac{C_{伊} - C_{香}}{X_{伊} - X_{香}}(X_{乌} - X_{香}) \qquad (4.14)$$

式中：C 为降水氚值；X 为测点纬度。

由上述公式得出当地 T 值序列，再通过式（4.15）及式（4.16）进行加拿大渥太年降水 T 值的相关计算，结果见图 4.10。

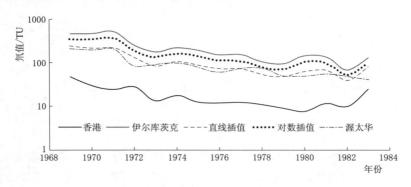

图 4.10　当地降水氚（T）插值结果

对数公式：

$$C_{乌} = 1.0667 C_{渥} + 4.7821 \quad R^2 = 0.9217 \qquad (4.15)$$

直线公式：

$$C_{乌} = 1.7556 C_{渥} + 4.7428 \quad R^2 = 0.9432 \qquad (4.16)$$

将由渥太华 T 值序列算出的同期当地降水 T 值与当地实测序列对比，发现对数插值的结果更为可靠，故选取其为输入值。

根据当地降水氚输入值利用目前普遍认可的指数衰减方程——活塞模型对玛纳斯河流域的地下水年龄进行计算（田华，2010）。计算过程见式（4.17）。

$$N_i = N_0 e^{-\lambda(t_i - t_0)} \tag{4.17}$$

式中：N_i、N_0 分别为水体在 t_i 时刻 T 输出值和 t_0 时刻的 T 输入值；e 为氚衰变因子，$\lambda = 0.055764$。

因降水 T 的输入量与降雨量有直接关系，因此根据玛纳斯河流域的降雨量对降水 T 的输入量进行修正，修正系数计算过程见式（4.18）。

$$\alpha_i = \frac{P_i}{\sum\limits_{1953}^{2003} \overline{P_i}} \tag{4.18}$$

式中：a_i 为 i 修正系数；P_i 为年降雨量；$\overline{P_i}$ 为多年平均降雨量。

计算结果见图 4.11。

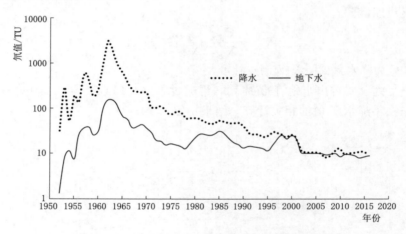

图 4.11　玛纳斯河流域降水与地下水氚值序列

由图 4.11 可以看出，1970 年以前降水与地下水氚（T）整体均处于较高水平，1963 年达到顶峰，其峰值达 1200TU 左右，其原因可能与核试验有关，1964 年后，由于核试验被禁止，大气降水中氚含量持续降低。高浓度的放射性物质沉降到土壤表层，由于降水的淋洗作用，导致 ^{3}H 峰值也随之下移。在大部分地区，氚穿过包气带进入地下水，因此可以通过对比地下水中与降水中的氚含量，判定地下水的来源。一般认为，若氚含量小于 10TU，可判定该地下水含前现代水。

本书对玛纳斯河流域地下水氚值（T）空间分布规律的分析参考了相关文献中的部分氚值测定成果，结果表明玛纳斯河流域地下水潜水中氚值分布空间分异特征显著。山区前丘陵区泉水均值为 41.10TU，而冲洪积扇区浅层地下水与深层地下水样品氚均值分别为 54.15TU 与 21.43TU，可以判定这几个区域均受到现代水的补给；而冲积平原区浅层地下水与深层地下水中氚的均值为 8.48TU 与 6.98TU，可以判定其受到前现代水的补给，或受到现代水与前现代水的混合补给，而下游 122 团的氚值仅为 3.64TU，证明其前现代水的补给比例更高。

整体来看，地下水氚的含量自上游沿程向下游逐渐下降，显示地下水的年龄沿流向逐渐增大。在垂直剖面上，冲洪积扇区与冲积平原区浅层地下水氚的均值分别为 54.15TU 与 8.48TU，而其深层地下水氚均值分别为 21.43TU 与 6.98TU。这一现象表明流域地下水的氚值随地下水埋深的增大而降低，即地下水年龄随地下水埋深的增大而呈逐渐增大的整体趋势。因此整体上可以得出，流域中上游地下水与地表水的联系相对较密切，而流域中下游地下水与地表水的联系较微弱，并相对独立。玛纳斯河流域地下水氚值组成特征具体见表 4.6。

表 4.6 玛纳斯河流域地下水氚值组成特征

分　区	采样点	样点类型	样点编号	地下水埋深/m	^{3}H/TU
山前丘陵区	151 团 8 连	泉水	A1	170	41.07±3.64
	151 团南	泉水	A2	170	41.13±3.59
	平均值				41.10±3.62
冲洪积扇区	143 团 18 连	浅层地下水	B1	58	60.04±3.35
	玛纳斯县玛管处	浅层地下水	B2	90	103.31±3.66
	玛纳斯县兰州湾	浅层地下水	B3	60	15.75±3.20
	石河子市	浅层地下水	B4	70	37.50±3.64
	平均值				54.15±3.46
	玛纳斯县玛管处	深层地下水	B5	175	28.90±3.49
	145 团 1 分场	深层地下水	B6	150	26.29±3.76
	玛纳斯县兰州湾	深层地下水	B7	145	9.09±2.84
	平均值				21.43±3.36
	134 团 14 连	浅层地下水	C1	40	8.64±2.75
	121 团北	浅层地下水	C2	100	9.45±3.08
	136 团 5 连	浅层地下水	C3	100	10.05±2.37
	135 团陶瓷厂	浅层地下水	C4	30	7.36±2.74
	玛纳斯县六户地	浅层地下水	C5	40	6.91±2.72
	平均值				8.48±2.73

续表

分 区	采样点	样点类型	样点编号	地下水埋深/m	^{3}H/TU
冲积平原区	莫索湾	深层地下水	C6	280	7.17±3.32
	149团加工厂	深层地下水	C7	200	9.46±3.20
	老沙湾镇	深层地下水	C8	290	6.69±2.73
	135团沙门子	深层地下水	C9	380	7.13±2.99
	122团东野镇	深层地下水	C10	380	3.64±2.93
	121团道班	深层地下水	C11	380	6.43±2.87
	136团7连	深层地下水	C12	380	8.33±3.10
	平均值				6.98±3.02

4.4.2 地下水的补给来源分析

为了定量分析地下水的补给来源，建立玛纳斯河流域多元混合模型，本书利用 IsoSource 软件求解各水源对地下水的贡献率。为了保证分析结果的可靠性，选取受蒸发分馏效应影响较小、具有地质地貌单元代表性、空间分布均质的样点作为计算单元，利用 $\delta^{18}O$ 进行计算。计算结果见表 4.7、表 4.8，分别表明了这些水体的同位素组成信息及来源组成贡献率。

$$\delta^{18}O = X_1\delta^{18}O_1 + X_2\delta^{18}O_2 + X_3\delta^{18}O_3 \tag{4.19}$$

$$X_1 + X_2 + X_3 = 1 \tag{4.20}$$

表 4.7 混 合 计 算 样 点 信 息

水样类型	$\delta^{18}O/‰$	编号	备　注
降水	−9.34	P2	3—10月平均降水（1986—2016年）
泉水	−9.51	Sp1	上游十户窑泉水
地表水	−10.96	Ri1	上游河水
	−10.01	Ri2	中游河水
	−9.62	Ri3	下游河水
	−8.58	D1	渠水
	−6.76	Re1	水库水
地下水	−10.47	Gu1	上游浅层地下水
	−10.57	Gd1	上游深层地下水
	−10.12	Gu2	中游浅层地下水
	−11.09	Gd2	中游深层地下水
	−10.34	Gu3	下游浅层地下水
	−11.98	Gd3	下游深层地下水

水样类型	$\delta^{18}O/‰$	编号	备　注
土壤水	−6.42	$Su1$	上游 0～30cm 土壤水
	−7.12	$Sd1$	上游 30～100cm 土壤水
	−9.31	$Su2$	中游 0～30cm 土壤水
	−8.32	$Sd2$	中游 30～100cm 土壤水
	−9.65	$Su3$	下游 0～30cm 土壤水
	−6.21	$Sd3$	下游 30～100cm 土壤水

表 4.8　　　　　　　　　　地下水补给来源计算表

水样类型	补　给　来　源
上游浅层地下水	$Su1$（35.5%～38.2%）；$Ri1$（42.8%～56.4%）；P（11.7%～18.2%）
上游深层地下水	$Ri1$（34.9%～44.4%）；$Gu1$（32.8%～34.1%）；$Sp1$（22.8%～34.1%）
中游浅层地下水	$Ri2$（46.7%～52.8%）；$Gu1$（38.2%～40.7%）；$D1$（4.7%～14.4%）
中游深层地下水	$Gu1$（68.8%～72.6%）；$Gu2$（7.3%～8.6%）；$Sp1$（10.6%～12.6%）
下游浅层地下水	$Re1$（42.2%～48.4%）；$D2$（36.5%～48.9%）；$Su3$（4.7%～8.9%）
下游深层地下水	$Gu3$（18.4%～22.6%）；$Gd2$（59.1%～68.4%）；$Sp1$（14.5%～22.7%）

由计算结果可知，流域上游地区浅层地下水的主要补给源为土壤水与河水，其贡献率分别为 35.5%～38.2% 与 32.8%～36.4%，而降水直接补给量占 11.7%～18.2%，但是考虑到土壤水与降水的直接关联性，可以认为降水对上游地区浅层地下水的补给作用也比较大。上游地区深层地下水主要的补给源为河水与浅层地下水，其贡献率分别为 34.9%～44.4% 与 32.8%～34.1%，而泉水的贡献率为 22.8%～34.1%，这一结果很难直接判定是泉水溢出补给深层地下水，而可能是中高山的深层地下水向中下游补给过程的一种现象。中游浅层地下水的主要补给源为河水与山前深层地下水，贡献率分别为 46.7%～52.8% 与 38.2%～40.7%；而深层地下水的主要来源为上游地下水的侧向补给，其贡献率为 68.8%～72.6%，远大于其他补给项。下游地区浅层地下水主要补给源为渠水与山区地下水，其贡献率分别为 42.2%～48.4% 与 36.5%～48.9%；而下游地区深层地下水的主要补给来源为中上游地区地下水，其贡献率约 59.1%～68.4%。从整体上来看，中下游地下水主要来源于山区地下水的侧向补给，这一特征在深层地下水方面表现尤为显著。

4.4.3　流域地下水补排过程分析

本次研究中测试的水样（地表水、地下水及土壤水）主要沿玛纳斯河干流采集，结合其地下水年龄测定与补给来源分析，其稳定同位素组成分布参照当地降水线方程 LMWL，见图 4.12。通过分析流域上游各水体样品的稳定

同位素特征，判定地下水的补排过程主要特征有：其浅层地下水样点接近当
地降水线，同位素分布特征与地表水，特别是河水样本相近，同时上游浅层
地下水氚值为 41TU 左右，主要受现代水补给。

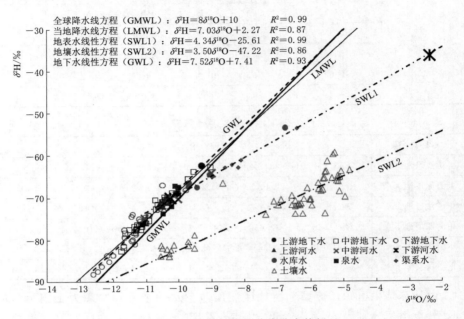

图 4.12　各水体稳定同位素分布特征

　　综合认定上游地区浅层地下水主要受到当地地表水体的补给，与地表水
系统水利联系较为密切；深层地下水样点在一定程度上偏离了当地降水线，
但偏离程度有限，河水与浅层地下水对其补给的贡献率达 80% 左右。总体可
知，上游地区深层地下水主要受到当地地表水体与中高山区前期降水的混合
补给，与地表水系统存在水利联系。

　　通过分析流域中下游地下水样品的稳定同位素特征，发现其样本的同位
素点据主要分布于当地降水线的左下方，且地下水线性方程与当地降水线方
程近似平行，同时中下游浅层地下水与深层地下水氚值范围分别为 3.64～
12.97TU 与 6.98～21.43TU，山区地下水侧向补给的贡献率为 36.5%～
48.9%，下游地区深层地下水的主要补给来源为中上游地区地下水，其贡献
率约 59.1%～68.4% 与 59.1%～68.4%，综合分析可以认定下游地区的地下
水主要受到前现代水补给。中下游地区地下水主要受中高山区早期的降水和
融雪补给，方式为山前侧向补给。总体可知，中下游地区的地下水与地表水
系统相对独立，且随着埋深增大，这一趋势愈加明显。

　　此外，研究对流域地下水排泄过程也进行了定性分析，在重力作用下，

地下水自上游沿河道流向向下游运动。具体排泄过程为：在山前丘陵区，受古近—新近系阻水构造影响，上游地下水以泉水的方式向河道排泄。

　　在含水层透水性较好的中下游冲洪积扇区，在水位差的作用下，地下水以泉水溢出的形式转变为地表水，主要补给土层为 30cm 以下的土壤水。流域冲洪积扇是流域经济发展的主要区域，大量地下水被人工开采，通过渠水、灌溉水等形式进行排泄，另一部分地下水则以侧向补给的形式向下游运动。结合地下水均衡计算相关结论可知，目前流域地下水资源呈现负均衡状态，随着地下水位持续下降，地下水溢出带的空间分布会逐渐向北部萎缩。

第5章 地下水动态变化对山区水库调蓄过程的响应分析

5.1 水文地质概念模型的构建

5.1.1 模型计算基础

1. 模型数学方程

在三维空间运动的偏微分方程，见式（5.1）。

$$\frac{\partial}{\partial x}\left(K_{xx}\frac{\partial h}{\partial x}\right)+\frac{\partial}{\partial y}\left(K_{yy}\frac{\partial h}{\partial y}\right)+\frac{\partial}{\partial z}\left(K_{zz}\frac{\partial h}{\partial z}\right)-W=S_s\frac{\partial h}{\partial t} \tag{5.1}$$

式中：K_{xx}、K_{yy}、K_{zz} 为含水层各方向的渗透系数，LT^{-1}；h 为水头，L；W 为源汇项，T^{-1}；S_s 为介质的储水率，L^{-1}。

2. 求解方法

利用 Visual MODFLOW 以有限差分法进行模型求解，其原理为用有限个离散点组成的网格替代连续区域，用差分方程组来替代原偏微分方程，并认定差分方程组的解即为原方程的近似解。其基本步骤首先是对区域进行离散化处理，即将区域划分为成有限个足够小的网格；再根据有限差分公式以差商代替微商，对各格点进行求导；最后对差分方程求解。

5.1.2 模型求解基本流程

模型运行需要选择合适的解算器，本研究选用 Visual MODFLOW 中的 WHS 解算器，此解算器运用双共轭梯度稳定（Bi-CGSTAB）加速度程序。该程序在系统不完全分解下被执行，对地下水的偏微分方程做出预处理。WHS 解算器在同一个时间步长内使用双重迭代求解。在求解方法中外部迭代用于改变因式分解的参数矩阵。外部迭代中地下水系统的水文地质参数在因式分解矩阵组中被更新。因式分解的不同程度允许这些矩阵被初始化的程度也不同，从而增加其解的有效性和模型的稳定性。地下水数值模拟模型求解的基本流程见图5.1。

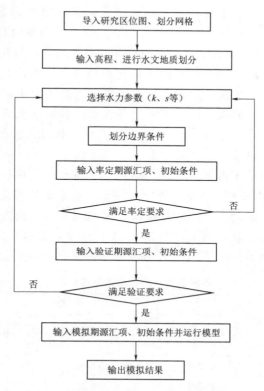

图 5.1　地下水数值模拟模型求解流程图

5.2　地下水数值模型的建立

5.2.1　水文地质概念模型

1. 模拟范围确定

为了研究结论的相互验证，数值模拟区域与地下水均衡分区保持一致。主要模拟区域为玛纳斯河流域出山口以下的绿洲平原区。东部以玛纳斯河上游河道、夹河子水库、莫索湾总干渠及 148 团一支干渠的连线为东边界；西部以克拉玛依市与奎屯市行政区界为西边界，面积共 7698km²；南部以流域山区与平原区的分界线为南边界；北部以莫索湾灌区与沙漠分界边缘、玛纳斯河下游河道及 136 团北侧为北边界。

2. 含水层概化

依据流域水文地质剖面以及相关文献资料，玛纳斯河流域平原区南部为山前洪积扇潜水饱和含水区，厚度在 400m 以上，向北逐渐变薄，乌伊公路以北为多层结构含水层，上部浅层潜水含水层向北逐渐变薄形成滞水含水层，下部为多层承压水—自流水含水层，在 $100\sim200\mathrm{m}$ 深度内存在 $2\sim3$ 个含水层，$200\mathrm{m}$ 以下存在 5 个含水层。北部混合结构的间隔水层并不完整，呈现犬牙交错状，各含水层之间存在纵向水量交换的可能。因此，不能对其简单按照潜水含水层、隔水层及承压含水层进行划分。加上上千眼地下水开采井贯穿于这几个含水层，形成了人工天窗。各含水层在纵向上的水交换使层间相互联通，故观测井水位是多层含水层水位的综合体现，分层考虑无法实现。可将其概化为一个以承压为主的"潜水—承压水"受开采井影响的混合含水层，水文地质参数可视为多层含水层的水文地质参数的加权平均，在承压水变幅不超过含水层厚度 10% 的情况下，用承压水系统代替此混合系统是满足计算精度要求的。因此为了准确反映研究区的水文地质构造特征，根据结构流域钻孔资料，在垂直方面上，划分 10 个含水层，在水平方面，划分 17 个分区，模拟深度为 $300\mathrm{m}$。研究区不同含水层的土壤类型见表 5.1。

表 5.1　　　　　　　　　不同含水层的土壤类型划分表

层级	深度/m	土　壤　类　型						
		Ⅰ	Ⅱ	Ⅲ	Ⅳ	Ⅴ	Ⅵ	Ⅶ
一	5	砂砾石	亚中砂	亚中砂	亚中砂	亚中砂	黏土	黏土
二	15	砂砾石	亚中砂	亚中砂	亚中砂	亚中砂	中粗砂	中粗砂
三	10	砾岩	砂砾石	中粗砂	中粗砂	中粗砂	中粗砂	中粗砂
四	50	砾岩	砂砾石	中粗砂	亚中砂	黏土	中粗砂	中粗砂
五	30	砾岩	砂砾石	亚黏土	砂砾石	中粗砂	亚黏土	黏土
六	30	砾岩	砂砾石	亚黏土	亚中砂	黏土	亚黏土	中细砂
七	20	砾岩	砂砾石	亚中砂	亚中砂	黏土	细砂	细砂
八	40	砾岩	砂砾石	黏土	细砂	细砂	细砂	细砂
九	30	断层	砂砾石	黏土	黏土	黏土	黏土	黏土
十	70	断层	砂砾岩	粉细砂	亚中砂	亚中砂	亚中砂	亚中砂

　　3. 边界条件确定

　　模型上边界为潜水水面，其为地下水系统与外界水量交换的界面。经上边界的交换水主要包括降雨入渗补给、田间灌溉水入渗补给、渠系渗漏补给及潜水蒸发排泄。对垂向的补给进行同期叠加处理，按照面状补给的形式输入，潜水蒸发则以蒸发量的形式输入。模型下边界为含水层底部，为隔水边界。侧向边界的划定需根据研究区的水文地质特征及水资源配管格局综合考虑。研究区地形整体呈南高北低，东西两侧与塔西河、奎屯河相邻，与本研究区同为天山北坡中段的梳齿状流域，水文地质特征及水资源开发状态近似。

因此，可以认为南部为补给边界，北部为排泄边界，均概化为二类流量边界；东、西边界位于流域之间的边界，垂直于等水位线，概化为二类隔水边界。研究区水文地质分区与边界条件见图5.2。

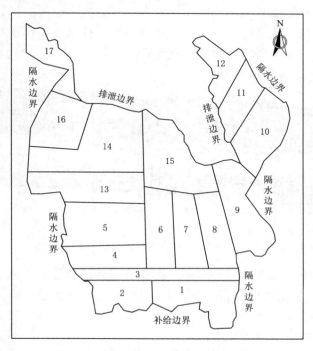

图 5.2　研究区水文地质分区与边界条件

5.2.2　玛纳斯河流域地下水数值模拟模型建立

根据研究区水文地质特征及地下水运动特性，建立玛纳斯河流域地下水数值模拟模型，见式（5.2）~式（5.5）。

$$\frac{\partial}{\partial x}\left(k\,\frac{\partial H}{\partial x}\right)+\frac{\partial}{\partial y}\left(k\,\frac{\partial H}{\partial y}\right)+\frac{\partial}{\partial z}\left(k\,\frac{\partial H}{\partial z}\right)+W=\mu\,\frac{\partial H}{\partial t} \quad (x,y,z)\in D \quad (5.2)$$

$$H(x,y,z)\big|_{t=0}=H_0(x,y,z) \quad (x,y,z)\in D \quad (5.3)$$

$$H\big|_{B1}=H_1(x,y,z,t) \quad (x,y,z)\in B1,t>0 \quad (5.4)$$

$$k\,\frac{\partial H}{\partial n}\bigg|_{B2}=q(x,y,z,t) \quad (x,y,z)\in B2,t>0 \quad (5.5)$$

式中：D 为渗流区域；K 为渗透系数，m/d；H 为水头，m；W 为源汇项，m/d；μ 为储水率，在潜水含水层为其给水度，在承压水含水层为其储水系数；H_0 为初始水头，m；H_1 为第一类边界水头，m；B1 为第一类边界；q 为第二类边界单宽流量，m³/d；n 为第二类边界的外法线方向；B2 为第二类边界。

5.2.3　空间离散化

将模拟空间进行离散处理。水平 X 方向总长度为 10946m，Y 方向总长度为 130696m，共 327 行、275 列，边长为 400m×400m 的网格，有效网格单元共计 48113 个，面积为 7698km^2。地表高程数据由地理空间数据云网站提供的 DEM 基础，数据经 ARCGIS10.2 处理后进行赋值，含水层厚度与水文地质分区划分一致，模型三维显示图及概化剖面见图 5.3。

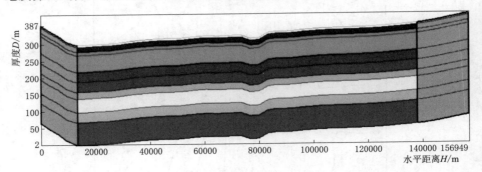

图 5.3　流域含水层概化剖面图

模型的初始水位确定过程包括：①整编研究区的长观孔地下水位观测资料；②选择率定期的初始日期；③利用自然临近插值法进行模型初始水头插值；④以模型初始水头插值作为模型的初始水位。

5.2.4　初始含水层参数的选择

根据土壤水岩性，以及不同土壤类型的参数取值，含水层的参数初始值见表 5.2。

表 5.2　　　　　　　　　　　　含 水 层 参 数 初 始 值

土壤类型	渗透系数/(m/d)	给水度 μ	储水率
卵砾石	120	0.2	1.00E−05
砂砾石	80	0.18	1.00E−05
亚中砂	30	0.06	1.00E−05
黏土	0.05	0.02	1.00E−05
亚黏土	0.2	0.02	1.00E−05
砂	20	0.11	1.00E−05
砂砾互层	80	0.15	1.00E−05
细砂	10	0.11	1.00E−05
中粗砂	35	0.15	1.00E−05
粉细砂	5	0.07	1.00E−05
中细砂	8	0.12	1.00E−05

5.2.5　源汇项

（1）数值模拟的源汇项与地下水水均衡计算保持一致。其中按照面状补给计算的源汇项包括：田间灌溉水入渗、降水入渗、河道渗漏、渠系渗漏。再以实际水量按垂直方向进行同期叠加计算，输入模型中 recharge 模块。面状补给计算过程见表 5.3。

表 5.3　　　　　　　　　　　面状补给量计算过程

灌　区	地表水 /万 m³	地下水 /万 m³	降雨量 /mm	面积 /km²	补给量 /mm
石河子灌区	10725	11360	172.40	1170	361.16
下野地灌区	42603	3670	159.00	2886	319.34
莫索湾灌区	31534	5274	130.90	1545	369.14
金沟河灌区	20597	4033	226.30	1140	442.35
安集海灌区	10815	7329	251.00	957	440.59

注　地表水主要包括灌区河道引水量；地下水主要包括用于农业灌溉的地下水开采量。

（2）水库渗漏补给各水库的运行水位，输入模型 river 模块。

（3）潜水蒸发排泄，以实际蒸发量输入 evaporation 模块。

（4）地下水开采以点源排泄的形式，输入 well 模块。因各水井的工作制度差异较大，工作时间与抽水量无法按照单一井逐一进行精确计算，为了对地下水开采进行输入，根据地理位置与工作性质，将工况相近的地下水生产井进行概化。目前，研究区的生产井主要可分为灌溉井和城镇供水井。灌溉井的工作制度由灌区主要作物的灌溉制度确定。城镇供水井的工作制度根据城镇供水统计资料进行编制。研究区地下水生产井概化工作制度见表 5.4、研究区概化后农用井工作制度见表 5.5，各源汇项赋值方式见表 5.6。

（5）泉水按照面状排泄的形式以 drain 模块输入。

（6）侧向补给与侧向排泄均按线状以通用水头边界 GHB 进行赋值。

表 5.4　　　　　　　　　　　研究区地下水生产井概化工作制度

灌　区	实际井数/眼		概化后井数/眼		合计抽水量 /(10⁴ m³/a)
	农用井	非农用井	农用井	非农用井	
石河子灌区	584	179	258	56	19426
下野地灌区	624	112	214	8	5684
莫索湾灌区	543	130	227	9	5866
金沟河灌区	131	24	87	4	3699
安集海灌区	429	41	146	6	8642

表 5.5　　　　　　　　　研究区概化后农用井工作制度　　　　　　单位：m³/d

灌区	井　数					
	5 月	6 月	7 月	8 月	10 月	11 月上
石河子灌区	1246	3671	2684	1842	1784	741
下野地灌区	960	3624	859	598	320	1121
莫索湾灌区	1806	3942	1429	1464	430	1024
金沟河灌区	1942	3655	2667	1112	560	2517
安集海灌区	1575	3498	3253	3324	2395	1485

表 5.6　　　　　　　　　　　源汇项赋值方式

源汇项	补给项	面源	降水、渠系渗漏、田间灌溉入渗
		线源	侧向补给
	排泄项	线源	侧向排泄
		点源	开采井

5.2.6　模型参数率定

为了能够精确模拟流域地下水循环过程，需进行模拟参率定。模型率定主要依据流域地下水长观资料，并结合地下水均衡分析结论。输入含水层参数的初始值、源汇项、边界条件及初始水位，根据运行结果与实测值的偏差对模型参数进行调整，且调整的参数值在合理范围内，使模拟水位接近实测水位、模拟水均衡结果与水均衡分析结果基本吻合。模型运行有 12 个应力期，步长为 1 天，利用 WHS 解算器进行求解。本模拟模型需率定的参数为渗透系数 k 与给水度 μ。参数调整方法为模型自动调参与手动调参结合，在参数合理取值范围内，确定最佳的参数组合。率定后的参数值见表 5.7。

表 5.7　　　　　　　　　　　率定后的参数值

土壤类型	渗透系数/(m/d)	给水度 μ
卵砾石	95	0.23
砂砾石	55	0.18
亚中砂	15	0.12
黏土	0.05	0.02
亚黏土	0.2	0.03
砂	10	0.11
砂砾互层	80	0.2
细砂	10	0.1

续表

土壤类型	渗透系数/(m/d)	给水度 μ
中粗砂	20	0.15
粉细砂	5	0.07
中细砂	8	0.1

　　模型的率定期为 2015 年 1 月 1 日至 12 月 31 日。模型运行多次，通过深浅层地下水流场和 43 个典型地下水位观测孔的拟合对模型进行识别，分别在进行了参数优化设置以及井的优化设置之后选用地下水位计算值和监测井实测值拟合度最好的一套模拟结果。研究区地下水埋深根据各个灌区年灌水量的不同呈现不同的特征，这也间接证明了灌区开采地下水对灌区地下水位变化有一定影响。由于补给边界输入的数据是依灌区内部团场输入的，并且地下水水位监测井的位置分布也在各个灌区内部，这就造成了模拟水位埋深主要分布在各灌区表面，南部和北部各有一部分地区没有水位埋深。

　　图 5.4 是研究区各时段模型计算水头和地下水位监测井监测水头分散情况，可知 4 个月中两者相关系数分别为 0.97、0.913、0.849 及 0.818。图 5.5 分别是研究区莫索湾灌区、下野地灌区、安集海灌区以及石河子灌区典型观测井实际观测水位和模型计算水位拟合效果图。由图中可以看出两者相关性较

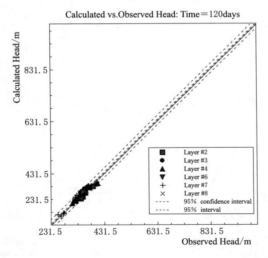

Max. Residual: 19.052m at 121-4/A
Min. Residual: 0.126m at 136-3/A
Residual Mean: 3.944m
Abs. Residual Mean: 8.004m

Num. of Data Points: 43
Standard Error of the Estimate: 1.383m
Root Mean Squared: 9.793m
Normalized RMS: 6.558%
Correlation Coefficient: 0.97

图 5.4（一）　研究区各时段模型计算水头和地下水位监测井监测水头分散图

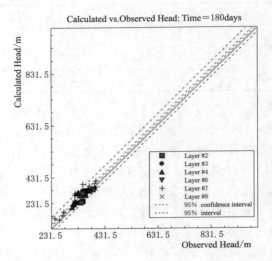

Max. Residual: 54. 224m at 122-2/A
Min. Residual: 1. 627m at 147-2/A
Residual Mean: 14. 113m
Abs. Residual Mean: 10. 274m

Num. of Data Points: 43
Standard Error of the Estimate: 2. 274m
Root Mean Squared: 20. 406m
Normalized RMS: 13. 053%
Correlation Coefficient: 0. 913

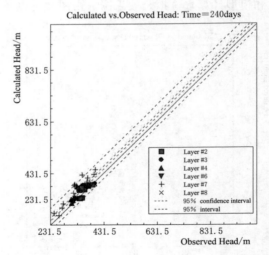

Max. Residual: 75. 631m at 122-2/A
Min. Residual: −2. 932m at SZC-4/A
Residual Mean: 21. 65m
Abs. Residual Mean: 23. 838m

Num. of Data Points: 43
Standard Error of the Estimate: 3. 161m
Root Mean Squared: 29. 807m
Normalized RMS: 19. 123%
Correlation Coefficient: 0. 849

图 5.4（二）　研究区各时段模型计算水头和地下水位监测井监测水头分散图

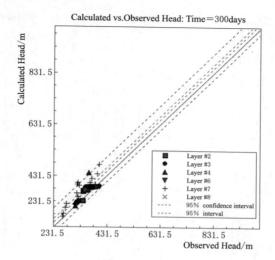

Max. Residual: 81.472m at 122-2/A
Min. Residual: −0.566m at SZC-4/A
Residual Mean: 25.044m
Abs. Residual Mean: 26.623m

Num. of Data Points: 43
Standard Error of the Estimate: 3.674m
Root Mean Squared: 34.556m
Normalized RMS: 25.18%
Correlation Coefficient: 0.818

图 5.4（三）　研究区各时段模型计算水头和地下水位监测井监测水头分散图

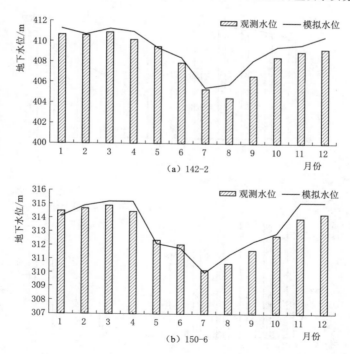

（a）142-2

（b）150-6

图 5.5（一）　率定期典型地下水观测井水位拟合图

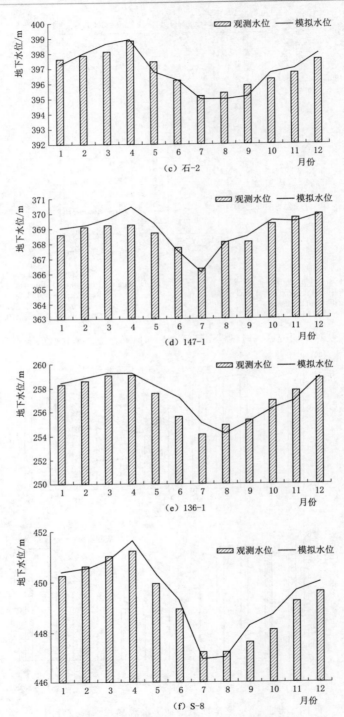

图 5.5（二）　率定期典型地下水观测井水位拟合图

高，研究区各月模拟结果和实测数据比较后得出模拟效果较好。各时段内模拟值和观测值紧密分布于对角线上，相关系数均已超过 0.8，且误差在 3% 以内，表明参数率定后的模型可靠性较强。

为了更加全面地分析参数率定后模型在研究区水位模拟的可靠性，分别在各灌区选择典型地下水观测井，用于对比模拟水位和观测水位。从图 5.5 中可以明显发现，模拟值和观测值动态变过程基本一致，仅有少数观测井模拟值点在个别月份存在一定误差，且误差在合理范围之内，整体模拟效果比较理想。

为了从水量角度，验证模型参数的可靠性，研究利用率定后模型复核了水均衡计算，见表 5.8。需要特别说明的是在模拟计算过程中，将降水入渗、渠系渗漏、田间入渗补给及库容小于 100 万 m^3 的小型库塘等统一概化为面状补给。

表 5.8　　　　　　　　　　**水均衡计算结果分析**　　　　　　　单位：万 m^3

均衡项	计 算 结 果		相对误差 /%
	数值模拟法	水均衡法	
面状补给	53764	53062	1.31
侧向补给	17217	16332	5.28
水库渗漏补给	6249	5894	5.85
总补给	77230	75288	2.55
蒸发	20457	19942	2.55
泉水溢出	10529	11580	9.51
开采	44645	43262	3.15
侧向排泄	4905	4763	2.94
总排泄	80536	79547	1.23
补排差	−3306	−4259	2.52

由表 5.8 可以看出，由模型模拟计算结果表明，研究区地下水总补给量为 77230 万 m^3，总排泄量为 80536 万 m^3，整体呈现负均衡状态。与地下水均衡法相比，各项的相对误差均较小，其中泉水溢出项中，模型模拟值与均衡法计算值相对误差较大，分析其可能的原因为泉水溢出带相对分散，地下水均衡计算过程中采用的统计资料受统计手段的限制，部分泉水溢出点又采用概化的方式，这一过程与实际过程可能也存在一定的偏差。其他均衡项的两种方法的计算结果虽仍存在一定偏差，但整体相对误差较小，因此可以判定两种方法的主要结论基本一致。误差产生的原因可能是因为与地位水均衡计算方法比较，模型模拟方法对地下水含水层的划分更为具体。总体而言，率

定后的模型计算结果基本可靠，模拟精度较好，模拟模型计算与地下水均衡法也可以相互验证、补充。

5.2.7　模型验证

为了进一步验证模型的可靠性与稳定性，利用率定后参数，根据输入验证期初始水位、源汇项进行模拟运算。模型的验证期是 2015 年 1 月 1 日至 12 月 31 日，以 1 月 1 日长观孔的观测值位为初始值，各源汇项值使用当年实测数据，参数使用率定后的模型参数值，运行条件与率定期保持一致。验证期模型运行结果见图 5.6、5.7 所示。

根据模型率定和验证的水位拟合图发现，地下水数位模拟值与观测值变化趋势一致，拟合效果好，仅有个别点在某些月份水头误差超过 2m，误差出现的主要原因可能是：①部分观测井位于研究区边界，赋值时周围没有更多的井对其进行约束和检验，模拟效果受到的边界条件的影响；②率定期和验证期在 240 天左右的水头误差均为全年中最大值，可能是因为此时地下水位最低，地下水位下降速度太快，而现有的水文地质资料有限，模型含水层的划分和参数的选择与实际存在一定偏差；③研究区地下水开采井数量多、开采量大，开采井的位置不能精确统计，对开采井进行概化可能导致模拟结果出现误差；④在源汇项的赋值过程中，降雨、蒸发等采用的是月平均值，补给、

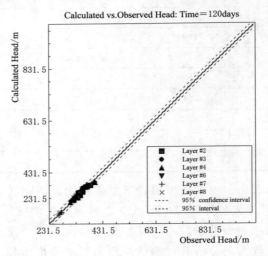

Max. Residual: −14.908m at SZC-3/A
Min. Residual: −0.222m at 136-2/A
Residual Mean: 1.027m
Abs. Residual Mean: 5.871m

Num. of Data Points: 43
Standard Error of the Estimate: 1.107m
Root Mean Squared: 7.25m
Normalized RMS: 5.249%
Correlation Coefficient: 0.98

(a)

图 5.6（一）　验证期观测水位和模拟水位分散图

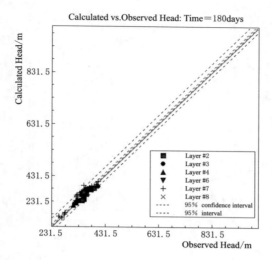

Max. Residual: 42. 079m at 122-2/A
Min. Residual: -0. 559m at 147-2/A
Residual Mean: 8. 761m
Abs. Residual Mean: 11. 486m

Num. of Data Points: 43
Standard Error of the Estimate: 1. 827m
Root Mean Squared: 14. 729m
Normalized RMS: 10. 02%
Correlation Coefficient: 0. 942

（b）

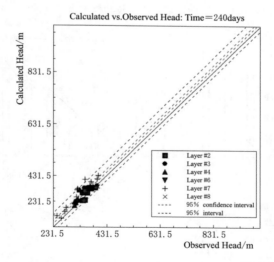

Max. Residual: 65. 549m at 122-2/A
Min. Residual: -3. 503m at 149-1/A
Residual Mean: 18. 46m
Abs. Residual Mean: 20. 528m

Num. of Data Points: 43
Standard Error of the Estimate: 2. 728m
Root Mean Squared: 25. 559m
Normalized RMS: 16. 409%
Correlation Coefficient: 0. 881

（c）

图 5.6（二）　验证期观测水位和模拟水位分散图

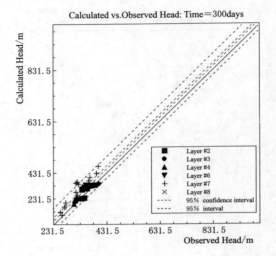

Max. Residual: 74.443m at 121-1/A
Min. Residual: −2.291m at SZC-4/A
Residual Mean: 21.306m
Abs. Residual Mean: 23.681m

Num. of Data Points: 43
Standard Error of the Estimate: 3.204m
Root Mean Squared: 29.752m
Normalized RMS: 20.461%
Correlation Coefficient: 0.884

(d)

图 5.6 (三)　验证期观测水位和模拟水位分散图

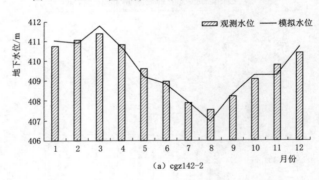

图 5.7 (一)　验证期观测井观测水位与模拟水位拟合图

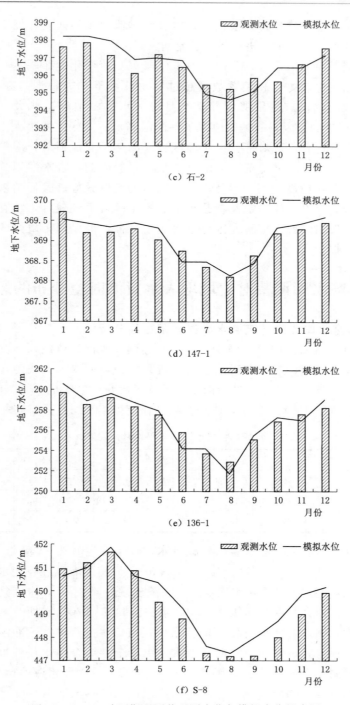

图 5.7（二） 验证期观测井观测水位与模拟水位拟合图

蒸发强度也直接平均到每个灌区，整体补给排泄效果不改变，但不能精确地反映每个计算单元的值，进而模拟误差增大。

由验证期模拟结果可以看出：模拟值与观测值变化规律基本一致、拟合度较高、相关性较好，相关系数都超过 0.80，标准均方根误差在 3% 以内，模拟误差较小，仅有个别典型井某个月份的水头模拟误差略大，但不超过 2m。误差产生的原因可能是受地理条件的限制，研究区主要为人工绿洲，其边界并非自然边界，而对部分处于灌区边缘的典型井赋值时，周围缺少对其进行检验的井，加之下游荒漠区的水文地质资料限制，含水层划分对实际状况的反映上存在精度偏差。整体而言，模拟的精度较好。验证结果表明经过含水层划分、边界条件确定及参数率定后模型的可靠性较好，具有较强的稳定性，能够较精确地模拟研究区地下水运动特征，可以用于研究区地下水补排过程的模拟。

5.3 山区水库调蓄对流域地表水资源时空分布的影响分析

5.3.1 山区水库建库前流域水库群调蓄过程分析

该项目在新疆兵团第八师 151 团原 9 连到清水河和玛纳斯河交汇口的玛纳斯河干流上取水，水源为玛纳斯河河道天然径流，取水方式为在河道上建拦河坝蓄水，肯斯瓦特水文站断面多年平均径流量 12.21 亿 m^3，红山嘴断面多年平均径流量 13.16 亿 m^3，肯斯瓦特站径流多年平均月分配见表 5.9。

表 5.9　　　　　　肯斯瓦特站径流多年平均月分配表

月　　　份	1	2	3	4	5	6	7	8	9	10	11	12	合　计
月平均流量 $Q/(m^3/s)$	7.49	6.47	6.77	9.3	22	72.1	133	119	44.9	19.1	11.8	9.04	499.7
月径流量 $W/亿\ m^3$	0.20	0.16	0.18	0.24	0.59	1.87	3.57	3.19	1.17	0.51	0.31	0.24	12.2
占比/%	1.63	1.28	1.48	1.98	4.85	15.2	29.2	26.1	9.54	4.19	2.51	1.98	100

肯斯瓦特水利枢纽总库容（校核洪水位以下库容）为 1.88 亿 m^3，防洪库容为 0.356 亿 m^3，兴利库容为 1.12 亿 m^3，为满足灌区综合用水要求，经长系列水利水能调节计算，水库低水位一般出现在 4—7 月，水库处于低水位运行，到 8 月或 9 月水库才能蓄至较高水位。6—8 月在洪水期时会将大量泥沙带入水库，因此在汛前可使水库低水位运行，并进行排沙、冲沙，对水库电站能量指标有一定影响。肯斯瓦特水库由于下游综合用水任务重，冲沙时间需很好控制，否则会对水库满蓄率产生较大影响，因此水库的运行方式为：汛期前段尽可能保持低水位，为冲沙运行创造条件；汛期末在满足综合利用的前提下，尽可能蓄水。非灌溉季节在不影响次年灌溉供水的前提下，按发

电要求运行。

为了对比分析山区水库调蓄对上游河道上游河段输水过程的影响，结合水库群蓄泄过程统计资料，进行了山区水库修建前玛纳斯河流域灌区径流调节计算，结果如见表5.10～表5.12。

表 5.10　设计水平年（$P=75\%$）山区水库修建前玛纳斯河灌区径流调节计算结果

单位：万 m^3

项目	1月	2月	3月	4月	5月	6月	7月	8月	9月	10月	11月	12月	小计
总来水	2164	2440	2656	2840	5259	17882	29979	27612	12149	4392	3156	2893	113423
渠系引水量	1825	2101	2317	1003	3423	16046	27597	27597	10313	4053	2817	2554	101645
河道输水量	339	339	339	1837	1837	1837	2382	15	1837	339	339	339	11778
蒸发渗漏损失	207	232	405	845	1246	1309	1121	1201	975	415	205	201	8361
月末库容	20885	24285	27711	28048	25098	19925	14306	23000	29329	18557	21283	25134	
下泄水量	0	0	536	141	0	0	0	0	0	0	0	0	677

表 5.11　设计水平年（$P=50\%$）山区水库修建前玛纳斯河灌区径流调节计算结果

单位：万 m^3

项目	1月	2月	3月	4月	5月	6月	7月	8月	9月	10月	11月	12月	小计
总来水	2437	2514	2829	3069	6166	18817	34645	29040	13239	5445	3630	2829	124659
渠系引水量	2098	2175	2490	1233	4329	16980	27597	27597	11402	5106	3291	2490	106788
河道输水量	339	339	339	1837	1837	1837	7047	1442	1837	339	339	339	17871
蒸发渗漏损失	204	230	405	846	1260	1338	1200	1302	996	434	217	211	8642
月末库容	18259	21729	24703	24919	22528	17961	15388	24980	25393	15082	18002	21784	
下泄水量	0	0	614	218	0	0	0	0	8876	0	0	0	9708

表 5.12　设计水平年（$P=25\%$）山区水库修建前玛纳斯河灌区径流调节计算结果

单位：万 m^3

项目	1月	2月	3月	4月	5月	6月	7月	8月	9月	10月	11月	12月	小计
总来水	2736	2946	3231	3601	6762	22387	36991	35706	14852	5767	4079	3441	142500
渠系引水量	1978	2357	2698	1336	4691	18400	29905	29905	12356	5533	3566	2698	115425
河道输水量	759	589	533	2265	2071	3987	7085	5801	2497	233	513	743	27075
蒸发渗漏损失	207	230	405	846	1260	1338	1200	1302	996	434	217	211	8642
月末库容	23014	26412	25428	25314	24158	23519	18647	20158	28230	15984	18241	21946	
下泄水量	0	0	703	249	0	0	0	0	10169	0	0	0	11122

由表5.10、表5.11及表5.12可知，山区水库修建前，各水平年中，渠系引水量占总来水量的比例随径流丰枯变化而变化，其中枯水年，渠道引水

比例为 0.947。渠水在输水过程存在一定差异，但总体来说不大，可认为上游河水输水过程与径流的丰枯程度相关性并不显著。而山区水库修建前，不同水平年平原水库群调蓄过程中差异最为明显的是夹河子断面下泄水量，即下游河道输水量，由枯水年的下泄水量 6776 万 m³ 增加至丰水年的 11122 万 m³。这一结果表明在中下游地区的地下水补给项中河道渗漏补给与径流丰枯程度有一定的相关性。

5.3.2　山区水库修建后流域水库群调蓄过程分析

通过利用多年水库运行工况对山区水库修建情况进行分析后，对山区水库与平原水库联合调度进行了长系列径流调节计算，设计水平年山区水库径流调节计算结果见表 5.13～表 5.15。

表 5.13　设计水平年（$P=75\%$）山区水库参与调蓄后径流调节计算结果

单位：万 m³

项　目	1月	2月	3月	4月	5月	6月	7月	8月	9月	10月	11月	12月	小计
总来水	2287	2568	2707	38	5806	18341	28916	2322	9146	7687	4870	3024	112422
渠系输水量	1948	2229	2368	20	3970	16505	27597	2138	7309	7348	4530	2685	99885
河道输水量	339	339	339	18	1837	1837	1319	1837	1837	339	339	339	12537
山区水库月末库容	9209	8551	8250	75	6351	8101	4308	1403	14033	11118	9543	9134	
山区水库水位	977	976	975	97	970	971	967	977	990	986	981	978	
水库群总渗漏量	191	219	415	882	1289	1331	1092	1131	852	318	138	140	7999
水库群总库容	25019	28356	3109	31	2786	22199	14397	1958	26240	1520	18076	21916	
下游河道输水量	0	0	536	14	0	0	0	0	0	0	0	0	677

表 5.14　设计水平年（$P=50\%$）山区水库参与调蓄后径流调节计算结果

单位：万 m³

项　目	1月	2月	3月	4月	5月	6月	7月	8月	9月	10月	11月	12月	小计
总来水	3440	3209	2989	4106	7536	23892	33203	1996	10814	7687	4089	2983	123913
渠系输水量	3101	2870	2650	2269	5700	22056	27597	1812	8977	7348	3750	2644	107089
河道输水量	339	339	339	1837	1837	1837	5606	1837	1837	339	339	339	16824
山区水库月末库容	10066	9083	8800	7427	7379	8128	8065	1385	14033	11722	11188	11019	
山区水库水位	981	978	977	974	971	973	974	982	990	987	984	983	
水库群总渗漏量	214	243	443	931	1379	1432	1267	1231	969	397	187	186	8881
水库群总库容	26073	2704	2704	2704	2516	24533	19184	2126	27040	16021	18164	21920	
下游河道输水量	0	2942	3505	503	0	0	0	0	2243	0	0	0	9193

表 5.15　　设计水平年（$P=25\%$）山区水库参与调蓄后径流调节计算结果

单位：万 m³

项　目	1月	2月	3月	4月	5月	6月	7月	8月	9月	10月	11月	12月	小计
总来水	3440	3209	2989	4106	7536	23892	33203	1996	10814	7687	4089	2983	123913
渠系输水量	3101	2870	2650	2269	5700	22056	27597	1812	8977	7348	3750	2644	107089
河道输水量	339	339	339	1837	1837	1837	5606	1837	1837	339	339	339	16824
山区水库月末库容	9875	1025	9564	7958	8758	9276	9878	1403	14033	10729	11043	12506	
山区水库水位	982	983	981	974	975	977	980	990	990	981	981	987	982
水库群总渗漏量	243	276	503	988	1466	1526	1438	1398	1011	451	212	211	9723
水库群总库容	18754	1959	2257	2278	2039	15830	13257	2284	23262	12951	15871	20653	
下游河道输水量	1108	3121	3608	1342				3258					12437

上述结果采用典型年计算，径长系列计算结果表明，1951 年计算期夹河子水库年均下泄水量为 0.92 亿 m³，与现状年夹河子水库断面年均下泄水量 0.66 亿 m³ 相比有一定差距。根据统计资料显示，20 世纪 50 年代后下泄水量集中在 1959—1973 年、1996—2003 年这两个时期，即玛纳斯河丰水年，与计算出的下泄水量基本保持一致。

通过山区水库修建前后长系列计算结果可以看出夹河子水库下泄水量略有增加，在平水年，从下泄水量由 6556 万 m³ 增加到 9200 万 m³。

从整个区域水资源的分布上讲，水库的拦蓄和调节改变了地表水资源在区域空间和时间上的分布，可实现与下游五座大中型水库联调，解决流域内工程型缺水问题，提高灌区灌溉保证率，充分利用了区域的水资源。通过山区水库与中下游大中型平原水库群联调，河道下泄水量（夹河子断面）增加约 2644 万 m³。

5.3.3　山区水库调蓄对中下游河道输水过程分析

山区水库位于玛纳斯河干流，其调蓄主要对玛纳斯河的水文情势产生影响，故研究集中于该工程对玛纳斯河河道输水过程的影响分析。根据玛纳斯河流域水资源开发利用格局，其影响主要体现在中上游河道与夹河子断面以下两个部分。

肯斯瓦特水利枢纽通过水电站发电退水入河道后，放水至一级电站渠首，该段河道长 3.0km，8—9 月下泄水量约减水 21%～23%，其余月份水量增加约 0.5%～50.4%。肯斯瓦特—红山嘴之间降水量逐渐减少，而蒸发、渗漏量相对增大，并且没有支流汇入，红山嘴径流量增加了 0.95 亿 m³，该段河道地下水补给地表水，可见玛纳斯河在该段出露泉水主要来自玛纳斯河、宁家河及金沟河河水下渗补给，所以山区水库调蓄对下游泉水出露的影响不显著。

另外，通过水利工程运行资料统计和长系列调节计算，可以看出肯斯瓦特水利枢纽建成前后，夹河子水库断面下泄水量主要集中在 6—9 月，相比于建库前，山区水库修建后，6—9 月下泄水量占比由 75.37% 降低至 67.74%，反映出山区水库对夹河子断面以下河道输水过程有一定的坦化作用，见表 5.16。

表 5.16　　　　　　　山区水库建成前、后下游河道年下泄水量过程

项　目		10—5 月	6—9 月	全年
山区水库修建前	水量/万 m³	1615	4942	6556
	比例/%	24.63	75.37	100.00
山区水库建成后	水量/万 m³	2968	6232	9200
	比例/%	32.26	67.74	100.00

通过长系列调节计算，在平水年夹河子水库断面多年平均年下泄水量为 6556 万 m³；肯斯瓦特水利枢纽建成后，夹河子断面下泄水量为 9200 万 m³，比修建前年增加约 2544 万 m³。

表 5.17　　　　　　　　　不同组合方式下水库群调蓄过程　　　　　　　单位：万 m³

运行工况	P=25%		P=50%		P=75%	
	修建前	修建后	修建前	修建后	修建前	修建后
平原水库月均蓄水量	19065	12345	20894	13310	23130	14250
泄水量	11122	12437	5708	9193	1968	667
蒸发渗漏量	11062	10081	8642	6881	8361	5999

由表 5.17 可知，在各水平年（P=25%、P=50%、P=75%）下，山区水库修建前后，对流域水库月末蓄水过程、下游河道输水过程及库塘渗漏补给过程都有一定影响，且影响程度与径流丰枯程度呈一定的相关性。相比于建库前，平原水库群蓄水总量显著减小，各月末平均蓄水量分别由丰水年建库前水库群月末平均蓄水量的 19065 万 m³ 降至建库后的 12345 万 m³，平水年从建库前水库群月末平均蓄水量 20894 万 m³ 降至 13310 万 m³，枯水年从建库前水库群月末平均蓄水量的 23130 万 m³ 降至 14250 万 m³，整体表现为平原水库蓄水过程与径流呈负相关；各水平年与中下游河道输水过程密切相关的夹河子下泄水量，在山区水库建库前后也存在一定差异，具体表现为丰水年建库前水库群向下游河水泄水 11122 万 m³，建库后增加至 12437 万 m³；平水年由 5708 万 m³ 增加至 9193 万 m³，这一结果，因长系列径流调节计算结果较为接近；枯水年从建库前水库群月末平均蓄水量的 1968 万 m³ 增至 5463 万 m³。其主要原因应为山区水库修建后，水库群调度方式有所改变，山区水库蓄水后，地表水蓄水重心向南部山区转移，从而导致水库蒸发

渗漏损失量减小，水库群渗漏量在各工况下的差异也可以证实这一点。总体来看，在丰水、平水年期间，蒸发渗漏损失量在山区水库修建以后分别减少 981 万 m^3、1761 万 m^3，而枯水年期间则提高至 2362 万 m^3。

5.4　水库蓄泄过程对地下水动态过程的影响模拟

根据前述章节研究可以看出，山区水库对研究区地下水的影响，主要是通过山区水库对中下游河道、水库群及渠系输配水过程进行调蓄，从而影响地下水的源汇项。因此为了分析不同水平年山区水库调蓄对流域地下水的影响程度，研究利用已建立且经过率定和验证的模型对不同水平年的调蓄过程进行流域地下水数值模拟，从而分析地下水动态变化趋势。考虑到流域内水库众多，为了简化计划，水库调蓄过程只考虑与山区水库直接相关的肯斯瓦特水库及与中下游水利联系密切的四座大中型水库（夹河子水库、蘑菇湖水库、大泉沟水库及跃进水库）的运行过程变化。依据玛纳斯河流域水库联合调度规则，参考 1998—2016 年水库运行工况，选择丰水年（$P=25\%$）、平水年（$P=50\%$）、枯水年（$P=75\%$）对研究区地下水运动进行山区水库修建前后流域地下水埋深数值模拟。模拟时间为 2017 年 1 月 1 日至 2017 年 12 月 31 日，模拟中各水平年间除水库的运行过程按照调蓄计算实际计算值运行外，模型初始条件、参数及边界条件等均与验证期保持一致。

5.4.1　不同水库调蓄方案下地下水位变化

不同水平年流域地下水位埋深模拟见图 5.8～图 5.11。

通过分析对比 4 个水平年下，90 天时，不同水平年下建库前后流域地下水位埋深空间变化从整体上看差别较小。平原水库上游区的地下水埋深基本无差别，而平原水库下游附近，不同运行工况下，呈现一定的差异。丰水年建库后，地下水埋深略大于建库前，分析其原因可能为，山区水库参与调蓄，流域地表水蓄水中心向南移，导致平原水库蓄水量减少，水库渗漏补给量也相应随之减少，但受渗漏水量整体减小这一点所限，水库群调蓄过程的变化对平原水库下游区地下水埋深的影响范围总体较为有限。

120 天时，各水平年间水库上游地下水埋深差异较小，但水库周边及下游地区地下水埋深发生明显改变。相对于丰水年而言，平水年水库周边及下游 5000m 内地下水位略有下降，但变化幅度不大，下降幅度在 1m 左右。相对于丰水年而言，枯水年水库上游 2000m 范围内地下水位有所上升，上升幅度很小，增幅小于 1m；水库周边及下游地下水位上升明显，水库下游 3000m 内地下水位相对增幅 2～3m；3000～10000m 之间，增幅为 1m 左右；水库下游 10000m 外，地下水位变化程度微弱。

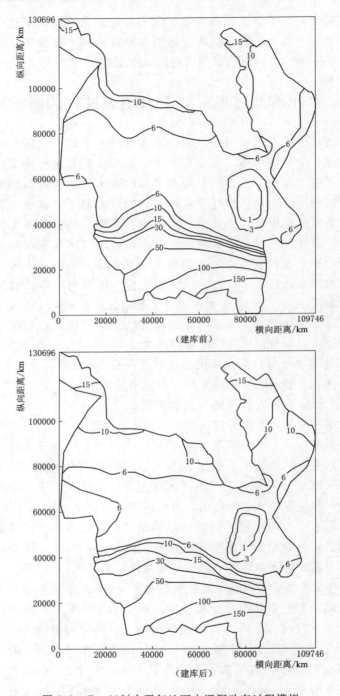

图 5.8　$P = 25\%$ 水平年地下水埋深动态过程模拟

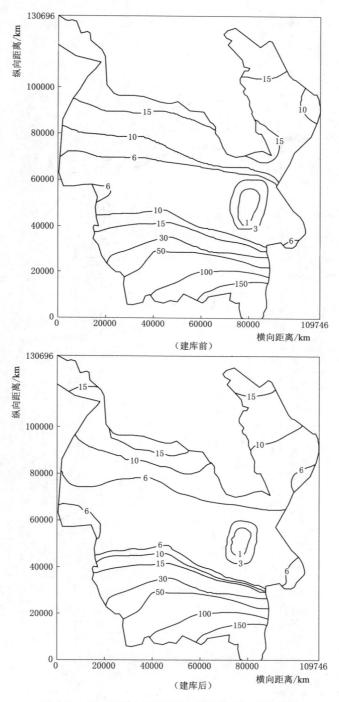

图 5.9　$P=50\%$ 水平年地下水埋深动态过程模拟

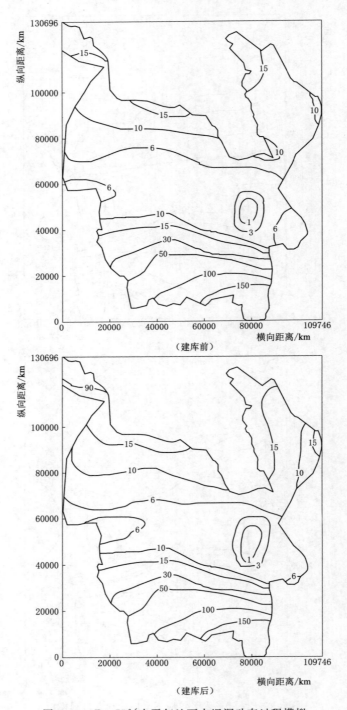

图 5.10　$P = 75\%$ 水平年地下水埋深动态过程模拟

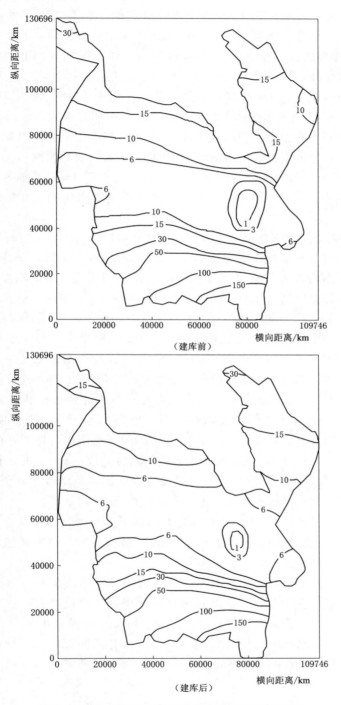

图 5.11　$P=95\%$ 水平年地下水埋深动态过程模拟

240 天时，各水平年间水库上下游的地下水位埋深均发生改变。相对于丰水年而言，平水年在水库上游 1000m 范围内水位略有下降，下降幅度不超过 1m；在水库周边及水库下游 5000m 范围内水位下降明显，下降幅度为 1～3m，局部地区地下水位下降幅度超过 3m；水库下游 5000～8000m 范围内，地下水位下降幅度在 1m 左右；水库下游 8000m 外，地下水位下降幅度很小。平水年 240 天时地下水位的下降幅度较 120 天时明显增大。相对于丰水年而言，枯水年在水库上游 2000m 范围内地下水位略有上升，上升幅度小于 120 天时的增幅；水库周边及下游 3000m 内地下水水位上升幅度约 1m 左右；在水库下游 3000～8000m 内，地下水位上升幅度小于 1m；下游 8000m 以外，水位几乎没有变化；总体而言枯水年 240 天时地下水位的上升幅度较 120 天有所降低。

300 天时，各水平年间地下水位埋深变化幅度相对 240 天有所增大。相对于丰水年而言，平水年在水库上游 1000m 范围内有所下降，下降幅度在 1m 左右；在水库周边及下游 5000m 范围内水位下降明显，下降幅度为 2～3m，局部地区下降幅度超过 3m；水库下游 5000～7000m 范围内，地下水位下降幅度约 1～2m；水库下游 7000～9000m 范围内，地下水位下降幅度小于 1m；水库下游 9000m 外，地下水位没有变化；300 天时平水年与丰水年之间地下水位差值明显大于 120 天和 240 天时二者的差值，影响距离较 120 天和 240 天时也有所扩大。相对于丰水年而言，枯水年在水库上游 2000m 范围内地下水埋深有所上升，增幅 1m 左右；水库周边及水库下游 3000m 内，地下水位增幅 1～3m，局部地区增幅超过 3m，地下水位埋深小于 1m 的范围明显扩大，表明泉水溢出量有所增加；在下游 3000～8000m 范围内，地下水的埋深上升幅度 1m 左右，大于 240 天时两种方案间的水位差值；300 天时，枯水年与丰水年之间的地下水位差值与 120 天时接近，但影响范围较 120 天略有扩大，地下水位变化最远范围大致在下游 12000m 处。

分析可以看出，不同水平年间最大的地下水位影响范围为上游 2000m，下游 12000m，距离水库越近地下水位受水库运行方案的影响就越大，不同的调蓄方案影响的距离、时间各不相同。

由于在水库上游只有距水库 5000m 外才有地下水观测井，但根据不同水平年地下水埋深变化图发现水库上游 5000m 外地下水位没有明显变化，故取水库附近地下水观测井 SZC - 4、水库下游 4000m 处观测井 S - 1、水库下游 7600m 处观测井 SZC - 2、水库下游 12400m 处观测井 SZC - 1，针对不同水平年，4 口地下水观测井的模拟水位进行分析。不同水平年地下水观测井的模拟水位见图 5.12。

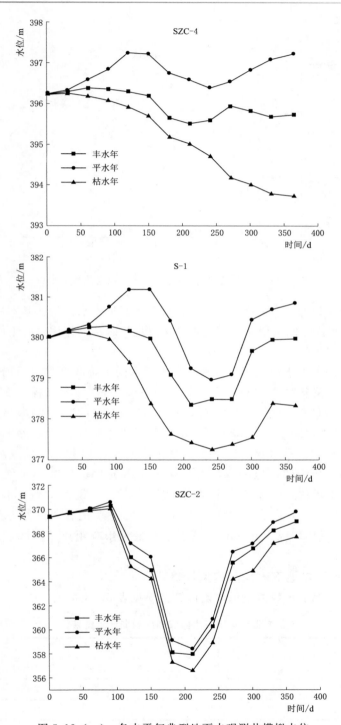

图 5.12（一） 各水平年典型地下水观测井模拟水位

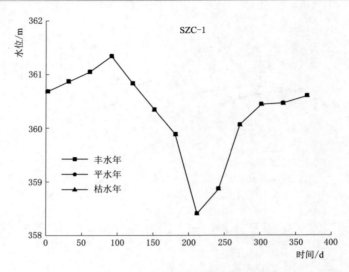

图 5.12（二）　各水平年典型地下水观测井模拟水位

从图中可以看出，除 SZC - 1 在各水平年间地下水位变化基本一致，其余 3 口井模拟水位均发生变化，不同水平年对地下水位的作用时间不同，且作用的影响距离也不同。

平水年的地下水位低于丰水年，且地下水的下降幅度呈逐渐增加的趋势，四口观测井中降幅最明显的为水库附近的 SZC - 4，最大降幅为 2.1m，发生在 330 天，SZC - 4 的月平均降幅为 0.82m，S - 1 的月平均降幅为 0.99m，SZC - 2 的月平均降幅为 0.83m，平水年的最大影响距离为水库上游 1000m、水库下游 9000m。枯水年的地下水位高于丰水年，4 月、12 月左右地下水位增幅是全年中最大值，地下水位增加幅度呈现先增加后减小再增加的趋势，四口观测井中增幅最明显的为水库附近的 SZC - 4，最大增幅为 1.5m，发生在 365 天，SZC - 4 的月平均增幅为 0.78m，S - 1 的月平均增幅为 0.65m，SZC - 2 的月平均增幅为 0.56m，枯水年的最大影响距离是水库上游 2000m、下游 12000m。

5.4.2　各水平年地下水均衡模拟计算

各水平年地下水数值模拟均衡计算结果见表 5.18。

表 5.18　　　　各水平年地下水数值模拟均衡计算结果　　　　单位：万 m³

均衡项	$P = 25\%$		$P = 50\%$		$P = 75\%$	
	建库前	建库后	建库前	建库后	建库前	建库后
面状补给	59033	59005	59109	59109	59109	59109
侧向流入	16041	16037	16042	16042	16042	16042

续表

均衡项	$P=25\%$		$P=50\%$		$P=75\%$	
	建库前	建库后	建库前	建库后	建库前	建库后
水库渗漏	2735	1347	4185	4185	4185	4185
总补给	77809	76389	79336	79336	79336	79336
蒸发	22987	22512	23221	23221	23221	23221
泉水溢出	13371	13123	13625	13625	13625	13625
地下水开采	42105	42105	42105	42105	42105	42105
侧向流出	4967	4966	4970	4970	4970	4970
地下水补给水库	65	942	19	19	19	19
总排泄	83495	83648	83940	83940	83940	83940
补排差	−5686	−7259	−4604	−4604	−4604	−4604

从表 4.1 中可以看出，在丰水年（$P=25\%$），建库后水库群的渗漏补给量，由 2735 万 m³ 下降至 1347 万 m³，而其他补给项无显著变化。在平水年（$P=50\%$）和丰水年（$P=50\%$），各补给项在建库前后无变化。结合水库群调蓄过程，综合分析造成这一现象的原因可能是因为在丰水年，山区水库存水量较大，有效减少了平原水库群的蓄水量，而山区水库的地质条件较好，渗漏量较小。而在平水年、枯水年，由于河道径流的丰水期与水库下游的灌区需水过程高度重合，整个地表径流在水库群中停留时间较短，在需水高峰期甚至出现无水可蓄的状态，导致在面临资源型缺水时，山区水库的修建对于水资源供需过程的影响不显著。

在排泄量方面，丰水年内地下水补给水库在山区水库修建前后差异显著。地下水排泄对水库群的补给量，由建库前的 65 万 m³ 增加至 942 万 m³，增幅明显。在平水年（$P=50\%$）和丰水年（$P=50\%$），各排泄项在建库前后无变化。可能是因在径流较丰的年份，受到地表径流减少的影响，再加上地下水在平水年、枯水年整体处于较低水位，其对水库的补给过程与水库群的调蓄方式无直接关联。

通过模型计算结果可知，各水平年内变化最明显的量是水库渗漏量、地下水对水库的补给量、蒸发量和泉水溢出量。水库水位越高，水库的渗漏量就越大，水面蒸发量也越大，地下水对水库的补给量就越小。水库渗漏使水库周边地下水水位上升，潜水蒸发量也增加，泉水溢出量也随地下水位的上升而增大。因此，不同工况下，最主要的变化因素是水库渗漏量和地下水对水库的补给量，其余均衡量是由这两者变化而改变的，故将不同水库运行方案下，水库水与地下水的交换量（即水库的渗漏量和地下水对水库的补给量）进行逐月分析，以探究水库的调蓄过程对地下水位变化的影响。

第6章 结论及展望

6.1 结　论

稳定同位素作为一种有效的研究手段，为探明干旱区内陆河流域的水文过程、地下水资源组成及补给来源提供了有力保障。本书对玛纳斯河流域不同地貌形态下地表水和地下水中氢氧稳定同位素组成特征及转化关系进行研究，得出以下相关结论：

(1) 流域地表水中 $\delta^{18}O$ 的变化范围为 $-11.02‰ \sim -2.38‰$，均值为 $-9.23‰$，δD 变化范围为 $-74.73‰ \sim -36.37‰$，均值为 $-65.83‰$。相比于河水中 $\delta^{18}O$ 和 δD 的组成，水库水和渠系水中 $\delta^{18}O$ 和 δD 更加富集，即 $\delta_{水库水} > \delta_{渠系水} > \delta_{河水}$。在空间变化方面，玛纳斯河河水中 $\delta^{18}O$ 和 δD 从上游到下游基本呈现出富集趋势，这与河水中 TDS 的变化基本一致，表明下游河水受蒸发分馏作用更加强烈。在时间变化方面，地表水中 $\delta^{18}O$ 和 δD 的组成具有明显的季节变化，即 5 月贫化，7 月富集。总体而言，流域地表水中 $\delta^{18}O$ 和 δD 的时空变化主要受蒸发分馏、高程效应、地下水混合补给以及水利设施拦蓄的影响。

(2) 流域地下水中 $\delta^{18}O$ 的变化范围为 $-12.58‰ \sim -9.03‰$，均值为 $-10.99‰$，δD 的变化范围为 $-88.23‰ \sim -62.16‰$，均值为 $-75.18‰$，其组成贫化于地表水。地下水中稳定同位素组成的空间变化主要表现为沿玛纳斯河干流呈贫化趋势，与地下水中 TDS 的空间变化特征基本一致，即从上游往下游呈减小趋势。时间变化方面，在地下水流动时间延迟效应的影响下，地下水中稳定同位素组成表现为 7 月贫化，而 3 月富集，其变化趋势与地表水相反。总体而言，其时空变化主要受研究区域水力条件、水体来源、潜水蒸发以及农田灌溉作用的共同控制。

(3) 流域土壤水中 $\delta^{18}O$ 变化范围为 $-4.82‰ \sim -15.36‰$，其均值为 $-7.00‰$，δD 变化范围为 $-59.26‰ \sim -107.33‰$，其均值为 $-71.74‰$。土壤水中 δD 和 $\delta^{18}O$ 组成随土壤深度和含水率的增加而贫化，正如 $0 \sim 10cm$ 土壤水中 δD 和 $\delta^{18}O$ 的波动范围较大，且稳定同位素组成富集，而 $60 \sim 100cm$ 土壤水中 δD 和 $\delta^{18}O$ 变化基本保持稳定，其稳定同位素组成贫化。在上下游

变化方面，下游土壤水中 δD 和 $\delta^{18}O$ 组成明显富集于上游土壤水。除此之外，其组成在季节变化上也存在差异，即 5 月的土壤水中氢氧稳定同位素组成要明显小于 7 月。总体而言，其时空变化主要受土层深度、农田灌溉和气候条件变化控制。

（4）本次研究得出的流域地下水线性回归方程 GWL（$\delta^2H = 7.52\delta^{18}O + 7.41$）基本与当地大气降水线 LMWL（$\delta^2H = 7.03\delta^{18}O + 2.27$）平行，说明两者之间存在一定联系。同时基于多元混合模型的水资源组成计算结果，即流域地表水资源的 $55.0\% \sim 68.0\%$ 来自山区降雨，$32.0\% \sim 45.0\%$ 来自山谷泉水溢出，而流域地下水资源主要来自河水的渗漏补给、地下水垂向与山前侧向补给、渠系与水库渗漏补给以及一小部分降水的直接入渗补给。上述结果进一步证明流域地下水资源主要起源于山区大气降水。地表水线性回归方程 SWL1（$\delta^2H = 4.34\delta^{18}O - 25.61$）的斜率和截距均小于 LMWL 和 GWL，因此，相比于降水和地下水，流域大部分地表水样点受到了强烈蒸发的影响，例如除了上游地表水样点接近 LMWL 和 GWL，下游河水、水库水和渠系水中 $\delta^{18}O$ 和 δD 数据样点明显偏离 LMWL。与其他线性回归方程相比，土壤水线性回归方程 SWL2（$\delta^2H = 0.25\delta^{18}O + 10.69$）的斜率和截距值最小，证明流域典型区 $0 \sim 100cm$ 土壤水受蒸发作用影响最为明显，其中的上游 $30 \sim 100cm$ 土壤水样点比较接近地下水线性回归方程 GWL，而中下游土壤水样点特别是 $0 \sim 30cm$ 的土壤水明显偏离 GWL，即上游土壤水与地下水有一定的相互补给关系，而中下游土壤水除了受井灌影响的土壤层外，基本与地下水之间基本不存在相互补给关系。

（5）流域上游山区地下水中平均氚值为 41.10TU，中游冲洪积扇区地下水中平均氚值为 37.79TU，而下游冲积平原区地下水中平均氚值为 7.73TU，即从上游山区到下游平原区地下水中氚的含量明显降低，说明从山区到平原地下水年龄逐渐增大，地下径流在流动过程中存在明显的延迟效应，且地下径流的方向大体为由南向北，这与 MODFLOW 数值模拟的地下水流场方向一致。结合水资源组成计算及线性方程位置关系，证明流域中上游地下水主要由高海拔区现代水入渗补给，而下游地下水主要由高海拔前现代水或前现代水和现代水混合补给。

（6）流域地表水和地下水经历了一个复杂的转化过程，其独特的水文地质结构决定了地表水与地下水从南部山区到北部沙漠区需要经历了三次不同的转化过程。第一次转化过程发生在山区，由大气降水先形成地表水，再以其他方式转化为地下水。第二次转化发生在冲洪积扇区，河水以渗漏方式向地下水转化，当河水到达冲洪积扇溢出带后，一部分地下水以泉水溢出的方式转化为地表水。第三次转化发生在冲积扇以北冲积平原区，河水被人工引入进行农田灌溉，从而间接补给地下水，之后往下游随着岩层富水性和渗透性逐渐变差，地表水和地下水之间的频繁转化也逐渐消失，最后剩余的河水以及渠系水在蒸发作用和人类活动影响下被逐渐消耗。总体而言，在人类活动和自然环境变化的双重影响下，流域的水文过程变得更加复杂。

6.2　展　　望

本书主要以探究玛纳斯河流域产汇流过程的时空变化规律为主。虽然通过以上研究取得了一些成果，对研究区的水文过程有了进一步的认知，但由于自身理论知识和研究水平有限，还是存在一些问题，需要在今后的研究工作中继续开展。

（1）在玛纳斯河流域范围内合理布设雨样观测站点，建立属于本流域的大气降水线方程，在研究流域水循环过程时，使结果更加合理、可靠。同时利用较长时间序列的大气降水稳定同位素数据建立大气循环模型，在此基础上开发适用于玛纳斯河流域的同位素分馏模型，为推导我国干旱区大气降水中稳定同位素组成提供有效手段。

（2）虽然放射性同位素示踪技术在研究水环境方面应用已经比较成熟，但是昂贵、复杂的实验仪器阻碍了该项技术的广泛应用。例如本次研究缺少 ^{14}C 测定数据，无法结合利用 ^{3}H 和 ^{14}C 测年法对玛纳斯河流域地下水年龄进行多方面比较测定，同时由于测定水体中氢氧稳定同位素的实验装置携带及操作都不够方便，很难对样品进行现场测定，造成实验测定偏差，因此，研究便捷且价格低廉的实验装置对于环境同位素技术的应用发展具有重要意义。

（3）目前，对于同位素应用在水循环方面的研究，主要针对大气降水、地表水、地下水以及土壤水中的一个或两个对象来进行研究，很少将它们看成一个循环整体进行研究，这既是技术层面的问题，也是理论方面的问题。因此，在今后研究中应该结合多种方法或创新方法对流域进行"四水转化"研究，同时考虑加入植物水进行分析，这对于未来在干旱地区进行大尺度水循环研究将起到重要指导意义。

参 考 文 献

［1］ 王浩，王建华. 中国水资源与可持续发展［J］. 中国科学院院刊，2012，27（3）：352－358.

［2］ 李佩成，冯国章. 论干旱半干旱地区水资源可持续供给原则及节水型社会的建立［J］. 干旱地区农业研究，1997，15（2）：1－7.

［3］ 朱学愚，钱孝星，刘新仁. 地下水资源评价［M］. 南京：南京大学出版社，1987.

［4］ 王旭，龙爱华，陈鹏. 新疆水资源管理现状、挑战与改革探析［J］. 新疆水利，2012，（4）：13.18.

［5］ 张军民. 新疆玛纳斯河流域水资源及水文循环二元分化研究［J］. 自然资源学报，2005，20（6）：64－69.

［6］ 刘志明，刘少玉，陈德华，等. 新疆玛纳斯河流域平原区水资源组成和水循环［J］. 水利学报，2006，37（9）：1102－1107.

［7］ 马雪宁，张明军，李亚举，等. 土壤水稳定同位素研究进展［J］. 土壤，2012，44（4）：554－561.

［8］ CLARK I D，FRITZ P. 水文地质学中的环境同位素［M］. 郑州：黄河水利出版社，2006.

［9］ 王恒纯. 同位素水文地质概论［M］. 北京：北京地质出版社，1991.

［10］ 张应华，仵彦卿，温小虎，等. 环境同位素在水循环研究中的应用［J］. 水科学进展，2006，17（5）：738－747.

［11］ DAWSON T E，MAMBELLI S，PLAMBOECK A H，et al. Stable Isotopes in Plant Ecology［J］. Annual Review of Ecology and Systematics，2002，33（1）：507－559.

［12］ MOOK W R K. Environmental isotopes in the hydrological cycle［M］. Vienna：IAEA Publish，2000.

［13］ 顾慰祖. 集水区降雨径流晌应的环境同位素实验研究［J］. 水科学进展，1992，3（4）：246－254.

［14］ 郑永飞，陈江峰. 稳定同位素地球化学［M］. 北京：科学出版社，2000.

［15］ 张人权. 同位素方法在水文地质中的应用［M］. 北京：地质出版社，1983.

［16］ 李嘉竹，刘贤赵. 氢氧稳定同位素在 SPAC 水分循环中的应用研究进展［J］. 中国沙漠，2008，28（4）：787－794.

［17］ 陆垂裕，孙青言，李慧，等. 基于水循环模拟的干旱半干旱地区地下水补给评价［J］. 水利学报，2014，45（6）：701－711.

［18］ FROEHLICH K G R，AGGARWAL P. Isotope hydrology at IAEA：history and activities［J］. IAHS PUBLICATION，2004，286：125－134.

［19］ GAT J R. OXYGEN AND HYDROGEN ISOTOPES IN THE HYDROLOGIC CYCLE［J］. Annual Review of Earth and Planetary Sciences，1996，24（1）：

225 – 262.

[20] DANSGAARD W. Stable Isotopes in Precipitation [J]. Tellus, 1964, 16 (4): 436 – 468.

[21] CRAIG H. Isotopic Variations in Meteoric Waters [J]. Science, 1961, 133 (3465): 1702 – 1703.

[22] CLARK I D F P. Environmental isotopes in hydrogeology [M]. Carabas, FL: CRC press, 1997.

[23] 于津生，虞福基，刘德平. 中国东部大气降水氢、氧同位素组成 [J]. 地球化学，1987, (1): 22 – 26.

[24] 章新平，中尾正义，姚檀栋，等. 青藏高原及其毗邻地区降水中稳定同位素成分的时空变化 [J]. 中国科学（D辑：地球科学），2001, 31 (5): 353 – 361.

[25] 姚檀栋，孙维贞，蒲健辰，等. 内陆河流域系统降水中的稳定同位素——乌鲁木齐河流域降水中 δ^{18}O 与温度关系研究 [J]. 冰川冻土，2000, 22 (1): 15 – 22.

[26] 黄天明，聂中青，袁利娟. 西部降水氢氧稳定同位素温度及地理效应 [J]. 干旱区资源与环境，2008, 22 (8): 76 – 81.

[27] JOUZEL J, ALLEY R B, CUFFEY K M, et al. Validity of the temperature reconstruction from water isotopes in ice cores [J]. Journal of Geophysical Research, 1997, 1022 (C12): 26471 – 26488.

[28] FRIEDMAN I, SMITH G I, GLEASON J D, et al. Stable Isotope Composition of Waters in Southeastern California 1. Modern Precipitation [J]. Journal of Geophysical Research, 1992, 97: 5795 – 5812.

[29] INGRAHAM N L, TAYLOR B E. Light Stable Isotope Systematics of Large – Scale Hydrologic Regimes in California and Nevada [J]. Water Resources Research, 1991, 27 (1): 77 – 90.

[30] POAGE M A, CHAMBERLAIN C P. Empirical relationships between elevation and the stable isotope composition of precipitation and surface waters: considerations for studies of paleoelevation change [J]. American Journal of Science, 2001, 301 (1): 1 – 15.

[31] 郑淑蕙，侯发高，倪葆龄. 我国大气降水的氢氧稳定同位素研究 [J]. 科学通报，1983, (13): 801 – 806.

[32] JOUZEL J, MERLIVAT L. Deuterium and oxygen – 18 in precipitation: Modeling of the isotopic effects during snow formation [J]. Journal of Geophysical Research, 1984, 891 (D7): 11749 – 11758.

[33] 卫克勤，林瑞芬. 论季风气候对我国雨水同位素组成的影响 [J]. 地球化学，1994, 23 (1): 33 – 41.

[34] 田立德，姚檀栋，孙维贞，等. 青藏高原南北降水中 δD 和 δ^{18}O 关系及水汽循环 [J]. 中国科学（D辑：地球科学），2001, 31 (3): 214 – 220.

[35] HOFFMANN G, JOUZEL J, MASSON V. Stable water isotopes in atmospheric general circulation models [J]. Hydrological Processes, 2000, 14 (8): 1385 – 1406.

[36] MARTINELLI L A, VICTORIA R L, SILVEIRA LOBO STERNBERG L, et al. Using stable isotopes to determine sources of evaporated water to the atmosphere in

the Amazon basin [J]. Journal of Hydrology, 1996, 183 (3 - 4): 191 - 204.

[37] RAMESH R, BHATTACHARYA S K, PANT G B. Climatic significance of δD variations in a tropical tree species from India [J]. Nature, 1989, 337 (6203): 149 - 150.

[38] YANG C, TELMER K, VEIZER J. Chemical dynamics of the "St. Lawrence" riverine system: δD_{H_2O}, $\delta^{18}O_{H_2O}$, $\delta^{13}C_{DIC}$, $\delta^{34}S_{sulfate}$, and dissolved$^{87}Sr/^{86}Sr$ [J]. Geochimica et Cosmochimica Acta, 1996, 60 (5): 851 - 866.

[39] SKLASH M G, FARVOLDEN R N, FRITZ P. A conceptual model of watershed response to rainfall, developed through the use of oxygen - 18 as a natural tracer [J]. Canadian Journal of Earth Sciences, 1976, 13 (2): 271 - 283.

[40] GAGEN C, SHARPE W. Net sodium loss and mortality of three salmonid species exposed to a stream acidified by atmospheric deposition [J]. Bull Environ Contam Toxicol, 1987, 39 (1): 7 - 14.

[41] MCDONNELL J J, BONELL M, STEWART M K, et al. Deuterium variations in storm rainfall: Implications for stream hydrograph separation [J]. Water Resources Research, 1990, 26 (3): 455 - 458.

[42] DEWALLE D, SWISTOCK B, SHARPE W. Three - component tracer model for stormflow on a small Appalachian forested catchment [J]. Journal of Hydrology, 1988, 104 (1 - 4): 301 - 310.

[43] 顾慰祖, 陆家驹, 唐海行, 等. 水文实验求是传统水文概念——纪念中国水文流域研究 50 年、滁州水文实验 20 年 [J]. 水科学进展, 2003, 14 (3): 368 - 378.

[44] 高建飞, 丁悌平, 罗续荣, 等. 黄河水氢、氧同位素组成的空间变化特征及其环境意义 [J]. 地质学报, 2011, 85 (4): 596 - 602.

[45] 陆宝宏, 孙婷婷, 许宝华, 等. 长江干流径流同位素同步监测 [J]. 河海大学学报 (自然科学版), 2009, 37 (4): 378 - 381.

[46] 王文祥, 王瑞久, 李文鹏, 等. 塔里木盆地河水氢氧同位素与水化学特征分析 [J]. 水文地质工程地质, 2013, 40 (4): 29 - 35.

[47] 谭忠成, 陆宝宏, 汪集旸, 等. 同位素水文学研究综述 [J]. 河海大学学报 (自然科学版), 2009, 37 (1): 16 - 22.

[48] N GREL P, KLOPPMANN W, GARCIN M, et al. Lead isotope signatures of Holocene fluvial sediments from the Loire River valley [J]. Applied Geochemistry, 2004, 19 (6): 957 - 972.

[49] ZHU C. Estimate of recharge from radiocarbon dating of groundwater and numerical flow and transport modeling [J]. Water Resources Research, 2000, 36 (9): 2607 - 2620.

[50] MCGUIRE K J, DEWALLE D R, GBUREK W J. Evaluation of mean residence time in subsurface waters using oxygen - 18 fluctuations during drought conditions in the mid - Appalachians [J]. Journal of Hydrology, 2002, 261 (1 - 4): 132 - 149.

[51] 袁瑞强, 刘贯群, 张贤良, 等. 黄河三角洲浅层地下水中氢氧同位素的特征 [J]. 山东大学学报 (理学版), 2006, 41 (5): 138 - 143.

[52] CHEN J S, SUN X X, GU W Z, et al. Isotopic and hydrochemical data to restrict the origin of the groundwater in the Badain Jaran Desert, Northern China [J]. Geochemistry International, 2012, 50 (5): 455 - 465.

[53] TULLBORG, E. L., GUSTAFSSON, E. ^{14}C in bicarbonate and dissolved organics—a useful tracer? [J]. Applied Geochemistry, 1999, 14 (7): 927 - 938.

[54] OJIAMBO B S, POREDA R J, LYONS W B. Ground Water/Surface Water Interactions in Lake Naivasha, Kenya, Using δ^{18}O, δD, and ^{3}H/^{3}He Age - Dating [J]. Ground water, 2001, 39 (4): 526 - 533.

[55] KAUFMAN S, LIBBY W F. The Natural Distribution of Tritium [J]. Physical Review, 1954, 93 (6): 1337 - 1344.

[56] MICHEL F A, KUBASIEWICZ M, PATTERSON R J, et al. Ground water flow velocity derived from tritium measurements at the Gloucester landfill site, Gloucester, Ontario [J]. WATER POLLUT RES J CANADA, 1984, 19 (2): 13 - 22.

[57] MALOSZEWSKI P, ZUBER A. Determining the turnover time of groundwater systems with the aid of environmental tracers [J]. Journal of Hydrology, 1982, 57 (3): 207 - 231.

[58] 王瑞久. 山西娘子关泉的地下水储量估算 [J]. 水文地质工程地质, 1984, (6): 34 - 38.

[59] 张之淦, 张洪平, 孙继朝, 等. 河北平原第四系地下水年龄、水流系统及咸水成因初探——石家庄至渤海湾同位素水文地质剖面研究 [J]. 水文地质工程地质, 1987, (4): 1 - 6.

[60] 刘丹, 刘世青, 徐则民. 应用环境同位素方法研究塔里木河下游浅层地下水 [J]. 成都理工学院学报, 1997, 24 (3): 93 - 99.

[61] 张茂省, 党学亚, 喻胜虎. 陕西渭北东部岩溶水环境同位素 [J]. 水文地质工程地质, 2004, (5): 46 - 50.

[62] 马金珠, 黄天明, 丁贞玉, 等. 同位素指示的巴丹吉林沙漠南缘地下水补给来源 [J]. 地球科学进展, 2007, 22 (9): 922 - 930.

[63] HUANG T, PANG Z. Changes in groundwater induced by water diversion in the Lower Tarim River, Xinjiang Uygur, NW China: Evidence from environmental isotopes and water chemistry [J]. Journal of Hydrology, 2010, 387 (3): 188 - 201.

[64] BACON D H, KELLER C K. Carbon dioxide respiration in the deep vadose zone: Implications for groundwater age dating [J]. Water Resources Research, 1998, 34 (11): 3069 - 3077.

[65] DAVISSON M L, SMITH D K, KENNEALLY J, et al. Isotope hydrology of southern Nevada groundwater: Stable isotopes and radiocarbon [J]. Water Resources Research, 1999, 35 (1): 279 - 294.

[66] 张光辉, 陈宗宇, 聂振龙, 等. 黑河流域地下水同位素特征及其对古气候变化的响应 [J]. 地球学报, 2006, 27 (4): 341 - 348.

[67] MATHIEU R, BARIAC T. An isotopic study (^{2}H and ^{18}O) of water movements in clayey soils under a semiarid climate [J]. Water Resources Research, 1996, 32: 779 - 790.

［68］ WOOD W W，SANFORD W E. Chemical and Isotopic Methods for Quantifying Ground‐Water Recharge in a Regional，Semiarid Environment ［J］. Ground water，1995，33（3）：458‐468.

［69］ 李学礼，刘金辉，史维浚，等. 新疆准噶尔盆地北部天然水的同位素研究及其应用 ［J］. 地球学报，2000，21（4）：401‐406.

［70］ 张应华，仵彦卿. 黑河流域中游盆地地下水补给机理分析 ［J］. 中国沙漠，2009，29（2）：370‐375.

［71］ 崔亚莉，刘峰，郝奇琛，等. 诺木洪冲洪积扇地下水氢氧同位素特征及更新能力研究 ［J］. 水文地质工程地质，2015，42（6）：1‐6.

［72］ 何新林，郭生练. 气候变化对新疆玛纳斯河流域水文水资源的影响 ［J］. 水科学进展，1998，9（1）：78‐84.

［73］ 高培，魏文寿，刘明哲. 玛纳斯河流域绿洲区气候变化特征分析与预测 ［J］. 干旱区资源与环境，2011，25（6）：161‐167.

［74］ 凌红波，徐海量，张青青，等. 1956—2007 年新疆玛纳斯河流域气候变化趋势分析 ［J］. 冰川冻土，2011，33（1）：64‐71.

［75］ 史兴民，杨景春，李有利，等. 玛纳斯河流域地貌与地下水的关系 ［J］. 地理与地理信息科学，2004，20（3）：56‐60.

［76］ 李巧，周金龙，高业新，等. 新疆玛纳斯河流域平原区地下水水文地球化学特征研究 ［J］. 现代地质，2015，29（2）：238‐244.

［77］ IAEA，WMO. Global network of isotopes in precipitation（GNIP）database ［M］. Vienna：http：//www. isohis. iaea. org，2004.

［78］ 吕玉香，胡伟，罗顺清，等. 流量过程线划分的同位素和水文化学方法研究进展 ［J］. 水文，2010，30（1）：7‐13.

［79］ PHILLIPS D L，GREGG J W. Source partitioning using stable isotopes：coping with too many sources ［J］. Oecologia，2003，136（2）：261‐269.

［80］ YAMANAKA T，TSUJIMURA M，OYUNBAATAR D，et al. Isotopic variation of precipitation over eastern Mongolia and its implication for the atmospheric water cycle ［J］. Journal of Hydrology，2007，333（1）：21‐34.

［81］ JOUSSAUME S，SADOURNY R，JOUZEL J. A general circulation model of water isotope cycles in the atmosphere ［J］. Nature，1984，311（5981）：24‐29.

［82］ MERLIVAT L，JOUZEL J. Global climatic interpretation of the deuterium‐oxygen 18 relationship for precipitation ［J］. Journal of Geophysical Research：Oceans，1979，84（C8）：5029‐5033.

［83］ LIU J，SONG X，YUAN G，et al. Characteristics of $\delta^{18}O$ in precipitation over Eastern Monsoon China and the water vapor sources ［J］. Chinese Science Bulletin，2010，55（2）：200‐211.

［84］ ROZANSKI K，ARAGUAS‐ARAGUAS L，GONFIANTINI R. Relation between long‐term trends of oxygen‐18 isotope composition of precipitation and climate ［J］. Science，1992，258（5084）：981‐985.

［85］ ARAGUFIS‐ARAGUFIS L，FROEHLICH K，ROZANSKI K. Stable isotope composition of precipitation over southeast Asia ［J］. Journal of Geophysical Research，

1998, 1032 (D22): 28721 - 28742.

[86] LIU Y, LIU F, DORLAND E, et al. Water isotope technology application for sustainable eco - environmental construction: Effects of landscape characteristics on water yield in the alpine headwater catchments of Tibetan Plateau for sustainable eco - environmental construction [J]. Ecological Engineering, 2015, 74: 241 - 249.

[87] GAT J R. Oxygen and hydrogen isotopes in the hydrologic cycle. [J]. Annual Review of Earth and Planetary Sciences, 1996, 24 (1): 225 - 262.

[88] HREN M T, BOOKHAGEN B, BLISNIUK P M, et al. δ^{18}O and δD of streamwaters across the Himalaya and Tibetan Plateau: Implications for moisture sources and paleoelevation reconstructions [J]. Earth and Planetary Science Letters, 2009, 288: 20 - 32.

[89] SOPHOCLEOUS M. Interactions between groundwater and surface water: the state of the science [J]. Hydrogeology Journal, 2002, 10 (1): 52 - 67.

[90] 肖德安, 王世杰. 土壤水研究进展与方向评述 [J]. 生态环境学报, 2009, 18 (3): 1182 - 1188.

[91] CUI J, AN S, WANG Z, et al. Using deuterium excess to determine the sources of high - altitude precipitation: Implications in hydrological relations between sub - alpine forests and alpine meadows [J]. Journal of Hydrology, 2009, 373 (1 - 2): 24 - 33.

[92] 段磊, 王文科, 曹玉清, 等. 天山北麓中段地下水水化学特征及其形成作用 [J]. 干旱区资源与环境, 2007, 21 (9): 29 - 34.

[93] 邓娅敏. 河套盆地西部高砷地下水系统中的地球化学过程研究 [D]. 北京: 中国地质大学, 2008.

[94] YU W, YAO T, TIAN L, et al. Relationships between δ^{18}O in summer precipitation and temperature and moisture trajectories at Muztagata, western China [J]. Science in China Series D, 2006, 49 (1): 27 - 35.

[95] YAMANAKA T, SHIMADA J, HAMADA Y, et al. Hydrogen and oxygen isotopes in precipitation in the northern part of the North China Plain: climatology and inter - storm variability [J]. Hydrological Processes, 2004, 18 (12): 2211 - 2222.

[96] GAT J R, DANSGAARD W. Stable isotope survey of the fresh water occurrences in Israel and the northern Jordan Rift Valley [J]. Journal of Hydrology, 1972, 16 (3): 177 - 211.

[97] WANG Y, CHEN Y, LI W. Temporal and spatial variation of water stable isotopes (^{18}O and D) in the Kaidu River basin, Northwestern China [J]. Hydrological Processes, 2014, 28 (3): 653 - 661.

[98] LING H, XU H, FU J, et al. Surface runoff processes and sustainable utilization of water resources in Manas River Basin, Xinjiang, China [J]. Journal of Arid Land, 2012, 4 (3): 271 - 280.

[99] ZHANG F, HANJRA M A, HUA F, et al. Analysis of climate variability in the Manas River Valley, North - Western China (1956 - 2006) [J]. Mitigation and Adaptation Strategies for Global Change, 2013, 19 (7): 1091 - 1107.

[100] LIU Z，LIU S，CHEN D，et al. Water resources composition and water circulation in plain of Manasi River Basin ［J］. Journal of Hydraulic Engineering，2006，37 (9)：1102 – 1107 (in Chinese with English abstrct).

[101] HUANG P，CHEN J. Recharge sources and hydrogeochemical evolution of ground-water in the coal – mining district of Jiaozuo，China ［J］. Hydrogeology Journal，2012，20 (4)：739 – 754.

[102] HAN D，SONG X，CURRELL M J，et al. A survey of groundwater levels and hydrogeochemistry in irrigated fields in the Karamay Agricultural Development Area，northwest China：Implications for soil and groundwater salinity resulting from sur-face water transfer for irrigation ［J］. Journal of Hydrology，2011，405 (3 – 4)：217 – 234.

[103] 谌天德，陈旭光，王文科. 准噶尔盆地地下水资源及其环境问题调查评价 ［M］. 北京：地质出版社，2009.

[104] 王杰. 天山北麓水环境同位素研究 ［D］. 西安：长安大学，2007.

[105] MICHEL R L. Tritium in the Hydrologic Cycle ［M］//AGGARWAL P K，GAT J R，FROEHLICH K F O. Isotopes in the Water Cycle：Past，Present and Future of a Developing Science. Dordrecht；Springer Netherlands. 2005：53 – 66.

[106] 田华，王文科，荆秀艳，等. 玛纳斯河流域地下水氚同位素研究 ［J］. 干旱区资源与环境，2010，24 (3)：98 – 102.

[107] LIU J. Fluorine concentration changing tendency study of china atmospheric precipi-tation in the recent 10 years ［J］. Site Investigation Science and Technology，2001，(4)：11 – 19.

[108] PHILLIPS D，GREGG J. Source partitioning using stable isotopes：coping with too many sources ［J］. Oecologia，2003，136 (2)：261 – 269.

[109] GAT J R. Isotope Hydrology：A Study of the Water Cycle ［M］. Singapore：World Scientific，2010.

[110] CHEN J，WANG C – Y，TAN H，et al. New lakes in the Taklamakan Desert ［J］. Geophysical Research Letters，2012，39 (22)：1 – 5.